Beck-Wirtschaftsberater

Mundpropaganda-Marketing

dtv

Beck-Wirtschaftsberater

Mundpropaganda-Marketing

Was Unternehmen wirklich erfolgreich macht

von Bernd Röthlingshöfer

Deutscher Taschenbuch Verlag

Im Internet:

dtv.de

beck.de

Originalausgabe
Deutscher Taschenbuch Verlag GmbH & Co. KG,
Friedrichstraße 1a, 80801 München

Druck und Bindung: Druckerei C. H. Beck, Nördlingen
(Adresse der Druckerei: Wilhelmstraße 9, 80801 München)
Satz und Grafiküberarbeitung:
Hoffmann's Text Office, München
Umschlaggestaltung: Agentur 42 (Fuhr & Partner), Mainz
ISBN 978-3-423-50914-5 (dtv)
ISBN 978-3-406-56094-1 (C. H. Beck)

Vorwort

Mundpropaganda ist die beste Werbung. Der Volksmund wusste es schon lange. Aber warum eigentlich? Weil sich Informationen über Mundpropaganda schneller verbreiten? Weil Menschen den Empfehlungen von Freunden und Bekannten mehr Glauben schenken?

Sind Produkte, über die positiv gesprochen wird, auch erfolgreicher als andere? Was hat Mundpropaganda mit Wachstumschancen und Zukunftsaussichten eines Unternehmens zu tun?

Auf all diese Fragen haben Wissenschaftler - darunter nicht nur die Marketingfachleute - heute überzeugende Antworten. Und selbst die Frage aller Fragen ist heute beantwortet: Wie stellt man es an, dass die Menschen positiv über das eigene Unternehmen, seine Produkte und Dienstleistungsangebote sprechen? Wie schafft man positive Mundpropaganda für sein Unternehmen? Wie wird man mit Mundpropaganda erfolgreich?

Meine Entdeckungsreise durch die Welt der Mundpropaganda war spannend und eindeutig zugleich. Ohne Mundpropaganda ist heute kaum mehr ein Unternehmen erfolgreich. Das Internet hat den Konsumenten die Macht gegeben, sich weltweit über Unternehmen und die Qualität ihrer Angebot auszutauschen. Mundpropaganda beherrscht die Märkte.

Noch eine Warnung zum Schluss: Marketing-Ratgeber verbreiten allzu gerne die Illusion, nach ihrer Lektüre sei man um einiges klüger als zuvor und habe die Sache im Griff. Mundpropaganda-Marketing entzieht sich dieser Illusion. Sie werden die Mundpropaganda nie beherrschen. Aber verstehen und für sich nutzen können.

Viel Erfolg wünscht Ihnen *Bernd Röthlingshöfer*

Wenn Sie wollen, schreiben Sie mir ein paar Zeilen. Oder besuchen Sie mich im Web unter www.berndroethlingshoefer.de

Inhaltsübersicht

Inhaltsverzeichnis

1. Was ist Mundpropaganda?

(1) Was ist am 9. November 1989 in Berlin passiert? Natürlich wissen Sie es. Nach einer Jahrzehnte dauernden Trennung zwischen dem Ost- und Westteil Deutschlands wurde, mitten in Berlin, die Mauer überwunden. Überwunden von den Massen, die aus dem Osten Berlins in den Westteil strömten, über den legendären Checkpoint Charlie oder durch das Brandenburger Tor. Unvergesslich ist diese Nacht für alle, die dabei waren. Wildfremde Menschen tanzten, küssten sich, fielen sich freudestrahlend in die Arme. Tanzten ausgelassen, machten die Nacht zum Tag.

Aber was ist wirklich geschehen, damit dies geschehen konnte? Was hat die Massen in Bewegung gesetzt? Wer hat den Leuten gesagt, dass sie sich in dieser Nacht an den Grenzübergängen versammeln sollen? Wer hat sie aufgefordert, zu Hunderttausenden zusammen zu kommen und die Grenze zu überschreiten? Niemand! Kein Politiker, kein Massenmedium und erst recht keine Website hat sie zum Grenzübertritt aufgefordert. Alles, was die Menschen hatten, war das persönliche Gespräch – einer übermittelte dem anderen die Botschaft. E-Mails, SMS, Handys spielten noch keine Rolle.

Es war Mundpropaganda in ihrer Urform – die Informationen wurden persönlich im Vier-Augen-Gespräch weitergegeben.

Wenn die Mundpropaganda es schafft, Menschen (auch gegen die vorherrschenden Medien, den Staat und sein Gewaltmonopol) zu informieren, zu motivieren, ja zu einer verschworenen Gemeinschaft und gefährlichen politischen Aktivitäten zusammenzuschweißen, wenn es Mundpropaganda letztlich sogar schafft, ein übermächtiges Regime zu stürzen und eine jahrzehntelang mit Waffengewalt und Todesschüssen verteidigte Mauer einzureißen – welche Wunder kann sie dann im Wirtschaftsleben vollbringen?

(2) Joe Girard ist der erfolgreichste Autoverkäufer der Welt. Der Mann ist ein Phänomen. Er ist so überdurchschnittlich erfolgreich, dass er diesen Titel vom Guinness-Buch der Rekorde verliehen bekam. Übrigens hat er zwölf Jahre lang diesen Rekord gehalten. Umgerechnet sechs Autos pro Tag hat er verkauft. In seiner beruflichen Karriere hat er insgesamt mehr als 13000 Stück an den Mann oder die Frau gebracht. Gegenüber dem Nachrichtenmagazin „Der Spiegel" verriet er, wie er das geschafft hat: „Nur mit Mundpropagan-

da können Sie gute Geschäfte machen: Wenn Sie diese ins Rollen bringen, wird sie für Sie arbeiten. Wenn nicht, wird sie Sie ruinieren." (http://www.spiegel.de/wirtschaft/0,1518,439566,00.html downgeloadet am 17.5.2007, 9:04 Uhr)

Mithilfe der Mundpropaganda sind überdurchschnittliche Erfolge möglich – darin sind wir uns alle einig. Aber vielleicht gilt auch der andere Satz: Sind ohne Mundpropaganda keine überdurchschnittlichen Erfolge möglich? Jedenfalls zeigt das Beispiel des erfolgreichsten Verkäufers der Welt sehr deutlich: Mit Mundpropaganda verbessern Sie nicht etwa nur Ihr Image. Positive Mundpropaganda wirkt sich unmittelbar auf Ihren Verkaufserfolg aus.

(3) Drei der bekanntesten Online-Unternehmen sind weltweit beherrschend geworden – ohne einen Cent in Werbung investiert zu haben: Amazon, eBay und Google. Es sieht ganz so aus, als bräuchte man vor allem dann, wenn man ein Web-Unternehmen startet, nichts von dem, was man als klassische Werbung kennt. Von den klassischen vier Marketinginstrumenten, auch vier P's genannt (Preis, Produkt, Platzierung, Promotion), scheint eines plötzlich überflüssig: das P für Promotion. Denn offenbar kamen diese Firmen ohne alles aus, was man bisher als Promotion kannte. Es gab keine Anzeigen oder TV-Spots. Es gab keine Werbebanner auf Internetseiten – allenfalls Verkaufsförderungsaktionen. Alle drei Unternehmen verfügten allerdings von Anfang an über bemerkenswerte Angebote, die das übliche Marktgeschehen revolutionierten.

Amazon ist schlichtweg der größte Buchhändler der Welt. Ein Unternehmen, das sich von den Beschränkungen eines konventionellen, lagergebundenen Sortiments befreite und das Millionen Titel umfassende Buchsortiment auf Webseiten zum Durchstöbern ausstellte.

eBay, der größte Flohmarkt der Welt, der es jedem erlaubt bequem vom Wohnzimmer aus, einen Stand auf dem weltweiten Trödelmarkt zu eröffnen, der Waren ans Licht holt, die sonst schwer verkäuflich gewesen wären, der dafür sorgt, dass Angebot und Nachfrage rund um die Welt per Mausklick – also so einfach wie noch nie – zusammenfinden konnten.

Und zuletzt Google – das nach den bereits etablierten Suchmaschinen gestartet ist und dem man gegen den Weltmarktführer Yahoo keine Chance gab. Heute scheint die Google Marktführerschaft unangreifbar. Es fällt schon schwerer zu erläutern, warum Google so weitaus erfolgreicher war als alle anderen Suchmaschinenanbieter. Denn die von Google verwendete Suchtechnik ist für Außenstehende nicht erklärbar. Das greifbarste Erfolgskriterium ist das, was wir alle sehen können: die aus einer einzigen Suchmaske bestehende Website von Google, die es dem Benutzer so einfach wie möglich macht, schnell Suchergebnisse zu produzieren.

Alle drei Unternehmen sind ausschließlich durch die Begeisterung ihrer Nutzer zu Weltunternehmen geworden. Nur weil begeisterte Nutzer anderen die Dienste von Amazon, Google oder eBay empfohlen haben, sind diese Unternehmen zu den Marktführern geworden. Klassische Promotion haben sie jedenfalls nicht gebraucht. Für Unternehmensgründer ist dies ein hoffnungsvolles Signal. Es zeigt, dass man mit Mundpropaganda ein Unternehmen aufbauen und dies sogar zum Weltmarktführer machen kann. Entscheidend sind dabei nicht die Versprechungen der Produkte, sondern die Empfehlungen der Kunden und Nutzer. Und dafür haben Amazon und eBay einiges getan – durch Bewertungssysteme wie bei eBay oder durch die Leserrezensionen bei Amazon wird die Mundpropaganda, die ansonsten nur im Privatbereich kursiert, plötzlich für alle sichtbar: direkt neben Waren oder Verkäufern platziert. Das Sichtbarmachen von Empfehlungen ist eine der Erfindungen des Webzeitalters, die der bisher im Verborgenen blühenden Mundpropaganda zu einem gewaltigen Wirksamkeits- und Wachstumsschub verhilft.

(4) Der Basketballschuh Air Force 1 (AF1) trägt nach Branchen-Insidern rund eine Milliarde US Dollar zum Umsatz von Nike bei. Der Sportschuhklassiker ist seit 1982 im Programm des Sportartikelherstellers, kommt aber alle zwei Monate in einer neuen Edition auf den Markt. Zwischen 80 und 130 Euro kostet ein Air Force 1-Modell, je nach Limitierung. Denn Nike sorgt mir geringen Stückzahlen dafür, dass Air Force 1-Schuhe nicht lange in den Regalen stehen. Für viele ist der Schuh ein Sammelobjekt geworden und er findet so reißenden Absatz, dass nahezu 100 % der Schuhe in der ersten Angebotswoche ausverkauft sind. Das ist ein prima Garant gegen sinkende Preise – einen AF1 muss man nicht billiger anbieten. Wer das von den Händlern dennoch tut, erhält bei der nächsten Lieferung keine oder weniger Exemplare.

Werbung für den AF1 machen die Kids und Sportler offenbar selbst. Als er den Kultschuh besang, landete US Rapper Nelly damit im Jahre 2002 einen Nummer-1-Hit in den USA. Mundpropaganda bildet sich also nicht nur um neue Produkte. Sie kann manche Produkte über Jahrzehnte begleiten.

(5) Das Waverly Inn & Garden ist ein New Yorker Restaurant, das Ihnen sehr seltsam vorkommen dürfte. Es ist völlig sinnlos, es in einem

Reiseführer zu erwähnen, da es Ihnen unmöglich sein dürfte, dort einen netten Abend zu verbringen. Telefonische Tischreservierungen? Werden nicht akzeptiert! Wenn Sie einen Tisch möchten, dann gibt es nur eine Chance: Sie kommen dort vorbei, setzen sich an die Bar und warten. Sie werden feststellen, dass Sie nicht der Einzige sind, der dort geduldig ausharrt.

Und Sie warten lange. Meistens vergeblich. Das Essen soll hervorragend sein – was man bei Makkaroni mit schwarzen Trüffeln für 52 US Dollar auch annehmen dürfte. Aber es ist nicht spektakulär. Auch in dem Ambiente kann man sich wohl fühlen – aber das kann man in Hunderten anderen Restaurants auch. Die eigentliche Story ist, ob es Ihnen gelingt, dort einen Tisch zu ergattern oder nicht.

Jedenfalls ist das Lokal Abend für Abend brechend voll, einschließlich der Bar, an der die Zukurzgekommenen sitzen bleiben. Natürlich tut der Restaurantbesitzer scheinbar alles, um die weitere Bekanntheit seines Restaurants zu verhindern. Er schaltet selbstverständlich keine Werbung! Er gewährt auf seiner Website keinen Einblick in die Speisekarte. Und kurz nach der Eröffnung schickte er die Fotografen der New York Times wieder weg, mit der Begründung: Er wünsche nicht, dass Fotos vom Restaurant gemacht werden.

Mit der konsequenten Unterdrückung aller üblichen klassischen Kommunikationskanäle gelingt ihm eines perfekt: Er heizt die Mundpropaganda um das „geheimnisvolle Restaurant", in dem man kaum einen Platz ergattern kann, umso stärker an. Das ist eines der Phänomene im Bereich des Mundpropaganda-Marketings. Wer Mundpropaganda fördern will, muss häufig klassische Kommunikationskanäle völlig ausschalten.

(6) Der Silverlit X-Rotor PicooZ ist ein Spielzeughubschrauber für den Innenraum. Ein federleichtes, ferngesteuertes Hightech-Gerät, das – laut Pressetext – den Eindruck einer rasenden Libelle macht. Verkaufsrang Nr. 1 bei Amazon – und das nicht nur im Weihnachtsgeschäft 2006 –, sondern auch noch Monate danach. In den USA war die Nachfrage vor Weihnachten so stark, dass die Händler etwas völlig Unübliches taten. Sie setzten ihre Preise weit über den empfohlenen Verkaufspreis an. Statt des empfohlenen Verkaufspreises von 30 Dollar nutzten viele Händler die Gunst der Stunde und verkauften die Helikopter für 40 Dollar – einige Online-Shops wollten bis zu 99 Dollar für das Gerät.

Bei so einem Hype lohnt es sich, auch bei eBay Ausschau zu halten: Dort verkauften sich die Helikopter in den meisten Fällen zu Preisen von 50 Dollar. 150 000 Stück lieferte das Unternehmen aus.

Ausgelöst hatte die kaum zu bewältigende Nachfrage ein Käufer des Produkts. Der in Chicago lebende 28-jährige Ryan Miller filmte seine Flugversuche mit dem Gerät und stellte das Video auf der Website YouTube.com ein.

Fünfzehn seiner Freunde kauften das Produkt, dann stiegen Online-Händler in das Geschäft ein und die nächsten Käufer platzierten ihre Videos über den PicooZ. Heute finden Sie mehr als 200 selbst gedrehte Werbevideos, die in der Summe wohl mehr als 1 Million Zuschauer fanden. Auch ein Online-Händler profitierte davon – allein aufgrund des von ihm eingestellten Videos verkaufte er mehr als 18 000 Stück davon.

Mundpropaganda besteht längst nicht mehr nur aus dem gesprochenen Wort. Das Internet hat Möglichkeiten geschaffen, Mundpropaganda mit Hilfe aller nur denkbaren Medien zu betreiben: mit Videos oder Audiodateien, mit Text und Bild, mit Webseiten, Blogs oder Podcasts. Konsumenten sind heute in der Lage, Produktempfehlungen mit Mitteln auszusprechen, die bis vor wenigen Jahren ausschließlich den großen Unternehmen, professionellen Werbeagenturen oder Medienhäusern vorbehalten waren.

(7) Procter & Gamble, der Konzern- und Markenriese aus USA – u. a. Ariel, Pampers, Pringles, Tempo, Meister Proper, Gillette – hat seine TV-Werbeetats drastisch reduziert. Erstaunlich, denn das Unternehmen gehörte zu den größten TV-Werbern der Welt. Und immerhin waren die Werbeleute von Procter & Gamble von der TV-Werbung mal so überzeugt, dass sie vor vielen Jahren auch ein eigenes TV-Format erfunden haben: die heute nicht mehr wegzudenkende Soap Opera.

2003 haben sie wieder ein Stück Werbegeschichte geschrieben. Sie setzten auf eine neue, organisierte Art der Mundpropaganda. Das Konzept lautete: Gebe einer ausgewählten Gruppe von Verbrauchern die Möglichkeiten, neue Produkte als erste kennen zu lernen und darüber ihre Meinung zu äußern. Zu diesem Zweck haben sie eine eigene Mundpropaganda-Agentur gegründet, die Tremor heißt. Und diese wiederum gründete einen äußerst mitgliederstarken Club aus 260 000 Kindern und Jugendlichen.

„Beeinflusst du gerne deine Freunde? Hören deine Freunde auf dich? Willst du VIP-Tickets für Ladeneröffnungen? Willst du Musik schon vor dem Verkaufsstart hören? Willst du mithelfen einen Film zu machen? Willst du neue Produkte als Erster ausprobieren?“

Mit solchen Fragen werden Kids und Teens auf der bunten Website der Firma Tremor angelockt, sondiert und bei Eignung in die Tremor Crew aufgenommen. Ihre Aufgabe: mitzuhelfen, dass sich Werbebotschaften in Windeseile verbreiten, Produkte schneller eingeführt werden und die Absatzzahlen nach oben schnellen. Tremor Kinder sollen frohe Werbebotschaften per Mund-zu-Mund-Werbung im Bekannten- und Freundeskreis weitertragen. Am besten in der Familie damit anfangen.

Denn Kinder reden bei nahezu allen Konsumentscheidungen in der Familie mit. Ob Papa Mercedes oder BMW fährt, hängt auch davon ab, ob der Sprössling die Marke cool findet. „Willst Du zu einer Gruppe Leute gehören, auf die man hört?", fragen die Tremor Leute. Da fühlt man sich als Jugendlicher ernst genommen und genießt den persönlichen Einfluss.

Einmal pro Woche loggen sich die Werberekruten bei der Website des Unternehmens ein und holen sich die neuesten Informationen ab. Zwei- bis dreimal im Monat erhalten die Kinder dann Post oder E-Mail. Sie sehen unveröffentlichte Werbespots, erhalten Warenproben und werden stets um ihre Meinung gefragt.

Pringles, Herbal Shampoos oder Cover Girl Lippenstifte wurden bereits mit der Mundpropaganda-Agentur beworben.

Tremor behauptet von sich, das Werkzeug der Mundpropaganda endlich verstanden und professionalisiert zu haben. Tremor hat seine Dienstleistung auch anderen interessierten Unternehmen geöffnet. So sind bereits AOL, Coca-Cola aber auch der Motorölhersteller Valvoline oder der Autohersteller Toyota auf den neuen Zug aufgesprungen und haben das Teenie-Netzwerk für sich genutzt. Tremor gibt an, bei derartigen Kampagnen Absatzsteigerungen von 10 bis 30 Prozent zu erreichen.

Mundpropaganda lässt sich also nicht nur initiieren, sondern auch institutionalisieren. Dazu bauen Unternehmen eigene Netzwerke auf, in denen über Produkte kommuniziert wird.

(8) „Danach setzte der Herr weitere zweiundsiebzig Jünger ein und sandte sie je zwei und zwei vor sich her in alle Städte und Orte, wohin er gehen wollte, ..." (Lukas, Kap. 10,1)

Fundstellen wie diese gibt es in der Bibel zahlreiche. In einem Zeitalter da die Menschen über keinerlei Medien verfügten, war die Auswahl und Schulung von Botschaftern als Überbringer und Verbreiter von Nachrichten oder Glaubensbekenntnissen das einzige und beste Mittel der Wahl.

Mundpropaganda-Marketing ist absolut nichts Neues. Schon bei der Verbreitung der Weltreligionen wurde die Mundpropaganda systematisch eingesetzt.

Kurze Geschichte der Mundpropaganda

Es ist schon seltsam mit der Mundpropaganda. Die meisten Menschen haben eine intuitive Vorstellung davon, was sie unter Mundpropaganda zu verstehen haben. Ich selbst bin dem Wort vielleicht im zarten Alter von acht Jahren begegnet. Ich war mit meinem Opa beim Wurst einkaufen und betrachtete - zuhause angekommen - die Tüte genauer, in der die Metzgerei unseren Einkauf verpackt hatte.

Auf der Vorderseite prangte das Firmenzeichen - und auf der Rückseite stand ein seltsamer Satz: „Wenn Sie mit uns zufrieden waren, empfehlen Sie uns weiter. Wenn nicht, sagen Sie es uns."

„Was ist das?", fragte ich meinen Opa und hielt ihm die Vorderseite der Wursttüte mit dem Logo-Aufdruck hin. „Reklame" sagte er. „Und das hier?" Ich las den Satz auf der Rückseite. „Das ist Mundpropaganda."

Mundpropaganda – der volkstümlichste Marketingbegriff überhaupt?

Das Wort Mundpropaganda zu verwenden, setzt nicht voraus, die Fachbegriffe des Marketing oder der Betriebswirtschaft kennen gelernt zu haben. In Biographien oder Interviews sprechen Unternehmer über Mundpropaganda sehr häufig im Zusammenhang mit Erfolgen. Mit ihren ersten Erfolgen. Sie erzählen von Zeiten, in denen sie kein Geld für Werbung hatten oder nicht über das nötige Know-how verfügten, sich den klassischen, allgemein bekannten Formen der Werbung zu widmen. Dann fallen Sätze wie: „Durch Mundpropaganda erhielten wir immer mehr Aufträge.", „Wir wurden durch Mundpropaganda so bekannt, dass wir das Geschäft ausbauen konnten." Oft schwingt in diesen Reden ein gewisser Stolz mit. Dieser scheinbare Stolz, es ohne klassische Werbung geschafft zu haben, ist in Wahrheit ein verkappter Stolz auf die Qualität der eigenen Produkte und der eigenen Leistung.

Die Unternehmen, die davon redeten, taten dies in vollem Bewusstsein mit ihrem Unternehmen etwas Bemerkenswertes geschaffen zu haben – und nannten damit tatsächlich einen der wichtigsten Auslöser für Mundpropaganda. Schließlich reden die Menschen nur über Dinge, die der Rede wert sind. Zu spüren, dass man per Mundpropaganda empfohlen wird, ist für jeden Unternehmer ein großes Lob – er erhält damit das Feedback, dass seine Produkte oder Dienstleistungen anerkannt werden.

Mundpropaganda wird oft als Gegenbegriff zur Werbung verwendet. „Nein, wir konnten uns keine Werbung leisten. Unsere Kunden kamen durch Mundpropaganda zu uns."

Aber bis heute gehört zu den Irrtümern über Mundpropaganda der Glaube, dass sie von selbst entsteht. Wenn man gute Leistungen bringt, so denken viele Unternehmer, dann spricht sich das schon von selbst herum. Da ist was Wahres dran. Aber dennoch: Wie gut müssen diese Leistungen sein? Über welche Aspekte von Produkten oder Dienstleistungen wird besonders gerne geredet? Und warum redet man über manche Produkte, Firmen oder Menschen vielleicht mehr – obwohl so mancher meint, dass sie dies gar nicht verdient hätten?

Eine solche systematische Beschäftigung mit der Mundpropaganda fehlte, als die großen Marken entstanden. Mundpropaganda war das nicht Steuerbare, Unsystematische, Zufällige. Das moderne steuerbare Instrument, was Erfolge scheinbar berechenbar machte, hieß früher anders: Reklame.

Von der Reklame zur Werbung

In den Jahren nach 1900 ordnete sich alles dem modernen Massenmarketing unter. Mit dem Aufkommen der Massenmedien entwickelte sich die klassische Werbung, die einen preiswerten und flächendeckenden Weg zum Verbraucher versprach. Sie wurde schnell zum Erfolgsmodell, das Marken groß und stark machte. Man hatte einen technischen Weg gefunden, die Massen preiswert mit Werbung zu erreichen.

Und mit der Entdeckung der Psychoanalyse sah man sich auch im Besitz eines Zugangs zu den geheimen Wünschen der Verbraucher. Bis heute hält sich die Vorstellung hartnäckig, man könne über den Zugang zum „Unterbewusstsein" – es heißt im modernen Jargon „Autopilot" - die Kaufwünsche beim Verbraucher wecken.

Dabei verstanden auch die modernen Markenmacher, Mundpropaganda zu stimulieren. Offenbar ohne theoretischen Background, aber was macht das schon?

Der Erfinder der Leibniz Butterkekse Hermann Bahlsen jedenfalls liefert den Leuten bis heute Gesprächsstoff mit Produkteigenschaften, die den Menschen Rätsel aufgeben. Was bedeuten diese ägyptischen Hieroglyphen auf der Verpackung eigentlich, die den Schriftzug TET bilden? (Sie bedeuten sinngemäß „Dauerhaftigkeit".) Und wieso hatte jeder Leibniz Keks eigentlich Zähne wie eine Briefmarke und 15 auf der Vorderseite eingestanzte Punkte? Das ist bis dato nicht gelöst. Aber die Zähne werden auch heute noch von Kindern gezählt – es sind übrigens exakt 52.

Das hört sich ein bisschen nach Märchen an und es ist auch eines: dass wir uns mehr als 100 Jahre später noch Gedanken über diese kleinen rätselhaften Elemente machen und uns wundern, wie sie es schaffen, auf ganz nebensächliche Weise, ein banales Produkt wie einen Keks ins Gespräch zu bringen.

Von der Absatzwirtschaft zum Marketing

Lange bevor es den Begriff Marketing gab - er kam erst in den Nachkriegsjahren nach Deutschland - gab es ein deutsches Wort, das in etwa das Gleiche meinte: Absatzwirtschaft. Noch heute heißt ein renommiertes Fachmagazin so. Bestandteile der Absatzwirtschaft waren Werbung und Vertrieb. Mundpropaganda gehörte nicht dazu.

Natürlich existierte zu jeder Zeit Mundpropaganda und vor allem: sie machte Unternehmen erfolgreich. Aber sie wurde weder initiiert, noch wurde sie überhaupt als ein planbares Instrument zur Unterstützung der eigenen Vertriebsbemühungen wahrgenommen. Und mit dem Aufkommen des Begriffes Marketing war es erstmals völlig aus. Alles wurde zwar irgendwie moderner, aber für die Mundpropaganda war erst recht kein Platz mehr. Die Lust auf Anglizismen, die bis heute anhält, verdrängte bis vor wenigen Jahren den Begriff aus Hörsälen, Marketingstäben und Agenturen und überließ ihn dem allgemeinen Sprachgebrauch.

Was Mais und Schnupfenviren gemeinsam haben – Die Renaissance der Mundpropaganda

In zahlreichen Wissenschaften war die Mundpropaganda in den letzten Jahrzehnten Forschungsgegenstand. Ja man könnte fast meinen, sie wäre in der Soziologie, Physik oder Mathematik häufiger untersucht worden als im Marketing. Dem Gegenstand Mundpropaganda hat das gut getan. Unser Wissen um die Bedeutung der Kommunikation, die wir als Mundpropaganda bezeichnen, ist damit um einiges größer geworden. Lassen Sie uns mal einen Blick auf ein paar wissenschaftliche Untersuchungen und Veröffentlichungen werfen, die unser Verständnis von dem, was in der Mundpropaganda vor sich geht, wesentlich verbessert haben:

Diffusionstheorie oder: Wie verteilt sich ein Tropfen Tinte in einem Wasserglas?

Exakt das fragen sich Physiker, wenn sie ein Tröpfchen Tinte in ein volles Wasserglas schütten und dann weder schütteln noch rühren ... irgendwann hat sich das Wasser gleichmäßig hellblau gefärbt und der Tropfen sich verteilt.

Inspiriert von den physikalischen Gedankengängen haben sich Soziologen gefragt, ob sich Innovationen oder Botschaften auf ähnliche Weise verbreiten wie der erwähnte Tropfen Tinte: ob sie also langsam aber stetig in die Gesellschaft einsickern.

Eine der berühmtesten Studien zur Verbreitung von Innovationen wurde 1943 publiziert. Sie untersuchte die Verbreitung einer neuen Maissorte unter den Bauern in Iowa in den dreißiger Jahren. Wenn Sie das Gefühl haben, neue Ideen verbreiten sich oft zu langsam – die Studie bestätigt es. Während 1932 und 1933 nur wenige der insgesamt 259 Bauern den neuen Mais anbauten und ihre Zahl auch in den nächsten Jahren nur langsam wuchs, ergab die Untersuchung im Jahre 1941 ein ganz anderes Bild. Da waren nur noch zwei Bauern übrig, die an der alten Maissorte festhielten. Alle anderen waren in einem Zeitraum von rund zehn Jahren auf das neue Saatgut umgestiegen.

Die Forscher teilten nun die Umsteiger in Kategorien ein, und sortierten sie in der Reihenfolge ihres Umstiegs auf die neue Maissorte. Die ersten, die sich von der Innovation überzeugen ließen, nannten sie „Innovatoren", dann die „Frühübernehmer", bis die „frühe Mehrheit" und die „späte Mehrheit" die Innovation übernahmen. Eine restliche Gruppe galt als „Nachzügler".

Erstaunlich war, wie sich Innovatoren und Frühübernehmer über die neuen Produkte informierten. Sie schenkten weniger den Werbeversprechungen und Medienberichten ihr Vertrauen, sondern machten ihre Kaufentscheidung von dem abhängig, was andere - ihnen bekannte - Personen an Erfahrungswerten und Empfehlungen sagten. In der Markteinführungsphase dominiert die Mundpropaganda. Die Information durch Massenmedien - etwa durch breit gestreute Anzeigenwerbung - helfen in der frühen Phase so gut wie gar nicht weiter. Die Frühübernehmer suchen den Austausch mit Gleichgesinnten und Erfahrungswerte von Bekannten.

Und noch etwas braucht es, um Innovationen weiter zu verbreiten: Tests. Die Möglichkeit, das Neue selbst auszuprobieren und auf seine Tauglichkeit zu prüfen.

Fazit: Mundpropaganda ist für die Einführung von Innovationen unverzichtbar. Die Erkenntnisse der Diffusionsforschung zeigen, dass der Mundpropaganda die Hauptrolle zukommt, wenn es um die Einführung von Neuerungen geht. Egal, ob es sich um neue Produkte, Dienstleistungen oder gesellschaftliche Veränderungen handelt.

Ohne Netzwerke keine Epidemien

Wissen Sie, warum sich die Lungenkrankheit SARS im Frühjahr 2003 nahezu um die ganze Welt verbreiten konnte? Wissenschaftler vom Göttinger Max-Planck-Institut sind dieser Frage nachgegangen. Sie wollten wissen, warum sich Epidemien heute so rasant schnell verbreiten. Natürlich spielen dabei der moderne Flugverkehr und das Reiseverhalten der Menschen die wichtigste Rolle.

Eine Lungenkrankheit, die in einem entlegenen Hochtal Tibets ausbricht, hätte kaum die Chance innerhalb kürzester Zeit um die Welt zu gehen – es sei denn Reinhold Messner und diverse Kameraleute kämen gerade mal wieder vorbei. Oder vielleicht doch?

Denn mittlerweile ist die Welt durch Verbindungen derart vernetzt, dass sich der ursprünglich in der Provinz Guandong in China entdeckte Erreger so blitzschnell ausbreiten konnte. Der entscheidende Verbreitungsfaktor war, dass der Erreger nach Hongkong kam. Hongkong ist einer der wichtigsten Flughäfen weltweit – ein Verkehrsknotenpunkt, von dem aus Reisende starten, landen, zwischenlanden und weiterfliegen.

Über die 500 wichtigsten Flughäfen laufen 95 % aller Flugreiseströme. Die Wissenschaftler versuchten, anhand der Verbreitungswege des Erregers festzustellen, welche Reisewege der Erreger nahm und welche Maßnahmen zur Eindämmung am wirkungsvollsten wären.

Ihre Erkenntnis: Vor allem die großen Luftverkehrsknoten – in der Luftverkehrssprache auch Hubs genannt – wie London, New York, Bangkok und Frankfurt, sind für eine schnelle Ausbreitung der Erreger verantwortlich. Weniger die Größe der Flughäfen und die Kapazität der Fluggastzahlen, die sie erreichen, ist dabei entscheidend, sondern der Grad ihrer Vernetzung – mit anderen Worten: Je mehr Verbindungslinien von einem Verkehrsknotenpunkt ausgehen, desto besser ist er geeignet, den Virus weit zu verteilen.

Um eine Epidemie einzudämmen, ist es praktisch kaum möglich einzelne, etwa die stärksten, Verbindungslinien zu kappen. Nein, man müsste schon den oder die stärksten Knoten isolieren, um die weitere Verbreitung einzudämmen.

Was hat das Modell der Ausbreitung von Epidemien mit dem Ausbreiten von Nachrichten, mit dem Weitergeben von Empfehlungen oder eben der Streuung Ihrer Werbebotschaften mittels Mundpropaganda-Marketing zu tun? Eine ganze Menge! Denn auch für die Ausbreitung der Nachrichten gilt: Sie brauchen Netzwerke, um sich verbreiten zu können. Und die Verbreitung geht umso schneller, je mehr die Informationen über die starken Knotenpunkte, die Hubs, laufen.

Fazit: Informationen breiten sich über Netzwerke aus. Die Ausbreitung wird durch bestimmte leistungsfähige Knotenpunkte eines Netzwerks erheblich beschleunigt.

Die Small World-Theorie – Warum jeder über fünf Ecken jeden kennt

1967 startete der amerikanische Sozialpsychologe Stanley Milgram ein Experiment. Er bat Einwohner einer Stadt in Nebraska, einem Börsenmakler aus Boston einen Brief zu schicken. Allerdings ohne dessen Postanschrift zu verraten. Stattdessen sollten die Teilnehmer des Experiments den Brief an eine Person weiterleiten, von der sie annehmen, dass sie mit dem Makler in Verbindung stehen könnte oder jemand kennt, der ihn kennt. Das Ergebnis des Experiments – die meisten der Briefe kamen an und wurden dabei nur fünf bis sechs Mal weitergegeben. Daraus entwickelte er die Theorie, dass die Mitglieder eines sozialen Netzwerks maximal über sechs Knotenpunkte miteinander in Verbindung stehen („six degrees of separation").

Das faszinierende Experiment wurde inzwischen sicherlich Hunderte Male wiederholt und es ist heutzutage – angesichts eines Internets, über das große Teile der Menschheit verbunden sind – schon gar nicht mehr so verwunderlich.

Umso erstaunlicher, dass dieses Experiment bereits im Jahre 1967 stattfand und demonstrierte, wie offenbar auch wildfremde Menschen weltweit miteinander verbunden sind.

Wie war es möglich? Mithilfe der Graphentheorie wollten im Jahre 1998 die beiden Physiker Duncan Watts und Steve Strogatz dem Small World-Phänomen auf den Grund kommen. Die Erklärung für die These, dass jeder Mensch über sechs Querverbindungen mit jedem anderen Menschen auf der Welt bekannt ist, liefert die Entdeckung starker oder schwacher Verbindungen, über die wir Menschen verfügen. Normalerweise sind wir eingebettet in starke Beziehungen und Bindungen – etwa in das Umfeld der Familie, der Dorfgemeinschaft, des Studienganges oder der Firma. Aber neben diesen starken Verbindungen verfügen wir auch über eine Reihe von schwachen Verbindungen - etwa Zufallsbekanntschaften. Erst diese Zufallsbekanntschaften machen das Small World-Phänomen möglich. Vielleicht haben wir im letzten Urlaub einen afrikanischen Reiseleiter kennen gelernt und schon verfügen wir über eine, wenn auch schwache, Beziehung zum schwarzen Kontinent.

> **Fazit:** Es braucht keine Massenmedien, um Nachrichten um die ganze Welt zu transportieren. Die Small World-Theorie zeigt, dass es möglich ist, auch ohne technische Hilfsmittel mit jedem anderen Menschen auf der Welt über diese fünf Ecken in Kontakt zu kommen. Dabei sind es vor allem die schwachen Verbindungen, die einer Nachricht helfen, große Distanzen zurückzulegen.

Soziale Netzwerkanalyse

Die soziale Netzwerkanalyse zeigt auf, wie Menschen, Unternehmen oder Organisationen miteinander und untereinander kommunizieren, indem sie die Verbindungen zwischen diesen Menschen untersucht und visualisiert.

Natürlich stand das Internet bei dieser Wissenschaft Pate.

Begonnen hat alles mit einer einfachen Frage: Welche Struktur hat das World Wide Web? Albert-László Barabási untersuchte die Fragestellung im Jahre 1999. Ein eigens programmierter Suchbot sollte Webadressen und die auf ihren Seiten eingehenden und von ihnen ausgehenden Links sammeln. Das Ergebnis der Linkanalyse: Es gibt ein paar wenige Seiten, die Tausende von Links aufweisen, eine große Menge, die einige Dutzend oder Hundert Links aufweisen. Die Mehrzahl der Websites war aber nur schwach verlinkt, sie verwiesen auf zwei oder drei andere.

Das deckt sich mit der persönlichen Erfahrung. Einige wenige Seiten wie Google, eBay oder Amazon, stellen die wichtigsten Knotenpunkte im Netz dar. Diese Knotenpunkte nennt man Hubs. Oder, wenn es besonders leistungsfähige Knoten sind, über die besonders viele Verbindungen laufen: Megahubs.

Die Universität Leipzig entdeckte im E-Mail-Verkehr von rund 10 000 Kieler Studenten ebenfalls diese Hubs. Einige Vielschreiber hatten mit 300 Kommilitonen Kontakt. Die meisten tauschten jedoch nur mit ein paar Leuten E-Mails aus. Ähnliche Entdeckungen kann man in jedem Unternehmen machen, wenn man den E-Mail-Verkehr analysieren würde.

Warum ist die Entdeckung der Hubs so wichtig? Weil über diese besonders aktiven Knotenpunkte eine große Menge von Informationen sehr schnell verteilt wird. Wer Nachrichten streuen will, so die nahe liegende Vermutung, muss zusehen, dass er die Hubs mit Informationen füttert. Von dort verbreiten sie sich am schnellsten. Offenbar ganz ähnlich wie sich Viren über die großen Airports verbreiten.

Fazit: In der Übertragung von Mundpropaganda sind Hubs möglicherweise für die rasche Ausbreitung von Informationen verantwortlich. Es gilt, diese Hubs zu identifizieren und sie als Überträger für Botschaften zu nutzen. Dabei stellt die soziale Netzwerkanalyse Untersuchungsmethoden zur Verfügung.

Memetik

Im Jahre 1976 veröffentlichte der britische Zoologe und Verhaltensforscher Richard Dawkins unter dem Titel „Das egoistische Gen" ein Buch, das einen faszinierenden Ansatz zur Erklärung von Mundpropaganda-Phänomenen lieferte. Er untersuchte darin, ob sich die Erklärungsmodelle und Terminologien der Genetik, die in der Lage waren die Evolutionsgeschichte des Menschen zu klären, nicht auch geeignet wären, eine Entwicklungsgeschichte der menschlichen Kultur zu schreiben.

So wie Erbinformationen in Genen enthalten sind und das Bestreben der Gene darin liegt sich fortzupflanzen und zu übertragen, so sind nach seiner Ansicht Informationen in Form von „Memen" im menschlichen Gehirn. Was sind Meme? Gedanken, Melodien, Glaube, Ideologien, Trends – all das sind Meme. Warum benutzen in vielen westlichen Kulturen die Frauen Lippenstifte? Warum hat sich in den letzten Jahren die Idee vom Waschbrettbauch durchgesetzt? Warum sind Religionen und Sekten erfolgreich?

Für Dawkins und seine Anhänger sind jene Meme die treibende Kraft. Meme sind Ideen, die sich zu ihrer Weiterverbreitung das menschliche Hirn als Wirt suchen müssen. Ihr Bestreben nach Weitervermehrung führt dazu, dass sie möglichst viele „Wirtstiere“ besetzen wollen. Memetiker sehen in besonders erfolgreichen Werbekampagnen, vorzugsweise in Massenhysterien, das Wirken von Memen.

Erinnern Sie sich an die Panik, die im Jahre 1999 beinah weltweit durch alle Massenmedien ging? Die Angst vor dem Jahr-2000-Crash? Der Ungewissheit, was mit unseren Computern passieren würde, wenn die Millenniums-Raketen in den Himmel knallen? Können Sie sich an die beispiellose Trauerwelle erinnern, die Großbritannien und die ganze westliche Welt beim Ableben von Lady Di erfasst hatte? Oder wer hat den Deutschen eigentlich gesagt, dass sie während der Fußball WM 2006 kleine Deutschlandfähnchen an ihrem Auto spazieren fahren sollen? Niemand? Das Mem, der Gedanke des Fahnenschmucks, hat die Immunsysteme der Menschen überwunden und diese zu Fahnenkäufern und Fahnenschwingern gemacht.

Für Memetiker eindeutig ein Zeichen dafür, dass Meme im Spiel waren. Leider können sie nicht genau sagen welche. Schon allein die Definition eines Mems ist so beliebig, dass es Ihnen und mir gelingt, alles, was wir nur wollen, als Mem zu bezeichnen.

Die Angst vor dem Fegefeuer: ein Mem.

Der Gedanke, dass es nur einen Gott gibt: ein Mem.

Die Idee, dass wir nach unserem Ableben in den Himmel kommen: ein Mem.

Das Märchen vom Weihnachtsmann: ein Mem.

Memetiker sehen das Internet übrigens als globales Gehirn – einen riesigen Organismus, der aus Millionen und Abermillionen von menschlichen Gehirnen verknüpft wird. Das ideale Ausbreitungsgebiet für ein Mem. Das ist zwar nahe liegend, aber gleichzeitig auch nicht verwunderlich – wie sonst sollen sich Ideen ausbreiten, wenn nicht über Kommunikation? Und dass jedes Kommunikationsmedium dabei helfen kann, ist auch klar.

Memetische Trigger (Auslöser) sind die Bestandteile eines Mems, die beim Empfänger einer Botschaft gezielt Anreize auslösen, sie in das eigene Bewusstsein aufzunehmen und an möglichst viele Personen seines sozialen Umfeldes weiterzugeben.

Container: Als Container bezeichnet man die Verpackung eines Mems. Meme sind z. B. in PowerPoint-Dateien, Videos, Audio-Files oder Gerüchten verpackt. Der Inhalt dieser Container sieht absichtlich nicht nach „bloßer Werbung“ aus, sondern ist „memetisch aktiv“ und regt somit den Empfänger an, ihn weiterzugeben.

Was sind nun solche Trigger-Auslösefaktoren, die uns angeblich geradezu dazu zwingen, eine Werbebotschaft aufzunehmen und weiterzugeben?

Drei memetische Trigger

- Trigger Angst/Schock/Selbsterhaltung: Alles, was Menschen in Angst versetzt oder eben unmittelbar mit ihrem Selbsterhaltungstrieb zu tun hat, übt eine starke Wirkung aus. Natürlich reden wir über Ereignisse, die uns einen gehörigen Schrecken eingejagt haben, wenn wir Zeugen oder Betroffene eines Unfalls waren oder nur knapp dem Tod entronnen sind. Mit diesen Ängsten spielen Horrorstreifen, Thriller und eben auch Werbespots.

  K-fee, Getränkewerbung mit Schockeffekt. Ein Beispiel für die Anwendung des Triggers Angst/Schock sind die Spots, die für ein besonders koffeinhaltiges Getränk namens K-fee Werbung machten. Sie begannen mit sanften Klängen, Szenen einer wundervollen friedlichen Landschaft, die mit einem harten Schnitt in Sekundenbruchteilen durch die Einblendung einer Horrorfratze unterbrochen wurde. Der Schockeffekt wurde durch einen Schrei und überlaute Musik verstärkt. Die kurzen K-fee Filme wurden im Netz mit dem Hinweis verteilt: „Bitte Lautsprecher voll aufdrehen!“ Insgesamt wurden sie von diversen Websites 1 Million Mal heruntergeladen und rund 9 Millionen Mal weiterverteilt.
- Trigger Mystizismus/Aufklärung: Kennen Sie urbane Legenden? Haben Sie schon mal die Geschichte von den Menschen gehört, die eines Tages an irgendeiner Stelle im Park oder in der Tiefgarage aufwachten, ohne zu wissen, wie sie dahin gekommen sind? Die Schmerzen in der Bauchgegend feststellen und dann bemerken, dass ihnen eine Niere entnommen wurde? Solche urbanen Legenden leben davon, dass niemand weiß, ob sie stimmen oder nicht. Und weiter: Die Aufklärung ist nicht möglich. Denn entweder sind sie ganz weit weg passiert oder man kennt die Quelle nicht. Ein

Freund hat sie von einem Freund, der sie wiederum über ein paar Ecken gehört hat. Diese urbanen Legenden standen Pate für Werbekampagnen, die ihre Faszination aus dem Wechselspiel zwischen Mystizismus und Aufklärung beziehen. Dieser Trigger ist schuld daran, dass so viele gefakete Websites entstanden sind, mit denen Mythen bedient werden sollen.

So zum Beispiel die Roboterlegende von BMW, die als Werbemaßnahme für den neuen Mini dienen sollte. Nach dieser Legende gab es einen britischen Forscher, der aus Autoteilen des Mini große menschenähnliche Roboter herstellte. Wer der Legende nachging, konnte diverse Internetseiten finden, die darauf verwiesen. Natürlich war die Website des Ingenieurs darunter, auf der unter anderem ein Buch zum Thema angekündigt wurde, das letztendlich nie erschienen ist.

- Trigger Schadenfreude: Wer „Pleiten, Pech und Pannen“ kennt, der weiß, was gemeint ist. Inzwischen leben viele Video-Websites wie YouTube, Clipfish, Sevenload von Filmen, in denen sich Menschen freiwillig oder unfreiwillig zu Pannenopfern machen.

Die meisten Verfechter der Methode haben noch bis zum Jahr 2000 heftig in Büchern und Aufsätzen dazu publiziert. Inzwischen haben sie es aufgegeben, diese Gedanken weiter zu verfolgen. Die Fachzeitschrift „Journal of Memetics“ beschäftigte sich in ihren letzten Ausgaben damit, die Auflösung der Wissenschaft zu betreiben und erschien im Jahre 2005 letztmalig.

War die Idee der Memetik selber ein Mem? Wenn, dann kein starkes. Oder, um in der Sprache der Genetik zu bleiben, ein rezessives, kein dominantes Mem.

Fazit: Die Anhänger der Memetik rücken vor allem die Botschaftsinhalte in den Mittelpunkt. Erst wenn diese bestimmte Trigger enthalten, wird eine Botschaft ansteckend. Ihre Bedeutung haben memetische Methoden vor allem bei der Gestaltung von Werbebotschaften.

Das Cluetrain-Manifest

Im Jahre 1999 veröffentlichten die US-Amerikaner Rick Levine, Christopher Locke, Doc Searls und David Weinberger das Cluetrain-Manifest – eine Sammlung von 95 Thesen, die das Verhältnis von Unternehmen und Kunden, die Rolle des herkömmlichen Marketings und der Kommunikation der Marktteilnehmer beschreiben sollte.

In einem teilweise provozierenden und oftmals pathetischen Ton geschrieben, enthielt diese Thesensammlung eine Menge Zündstoff für Gespräche in Werbe- und Marketingabteilungen weltweit. Während das Cluetrain-Manifest in den USA offenbar begeistert angenommen wurde und dort als eine Art Glaubensbekenntnis von Bloggern, Medien und Marketingleuten gelten kann, war sein Erfolg hierzulande eher bescheiden.

Zumindest in den Medien fand es kaum Beachtung - sein Einfluss auf die Entwicklung neuer Marketingmethoden, aber vor allem auf das Mundpropaganda-Marketing, ist nicht von der Hand zu weisen.

An zahlreichen Stellen ist Cluetrain-Manifest ein Angriff auf das traditionelle Marketing. „Märkte bestehen aus Menschen, nicht aus demographischen Daten", heißt es dort beispielsweise. Oder: „Die Menschen in vernetzten Märkten haben herausgefunden, dass sie sich gegenseitig weit bessere Information und Unterstützung bieten können, als sie von ihren Verkäufern erhalten. Soviel zur Unternehmensrhetorik über den Mehrwert der eigenen Produkte."

Allerdings zeigt schon der Eröffnungssatz, „Märkte sind Gespräche": Das Cluetrain-Manifest handelt von der Kraft der Mundpropaganda.

Tatsächlich macht das Buch deutlich, dass Menschen in einer vernetzten Gesellschaft nicht nur Gespräche führen, sondern dass sie fähig sind, untereinander Informationen zusammenzutragen, zu sichten, zu bewerten und auszutauschen. Der Einfluss dieser Gespräche ist weitaus mächtiger als der von Unternehmensbroschüren - letztlich ist kein Media-Etat der Welt groß genug, um Botschaften „durchzudrücken". Die Menschen haben die Möglichkeit des Widerspruchs und können zusammenwirken, um der Wahrheit ans Licht zu verhelfen. Wer in seiner Werbung Produkteigenschaften beschreibt, die es so gar nicht gibt, kann im Internetzeitalter sehr schnell eines besseren belehrt werden.

Auszug aus dem Cluetrain Manifest:

Märkte sind Gespräche

Die Märkte bestehen aus Menschen, nicht aus demographischen Segmenten.

Gespräche zwischen Menschen klingen menschlich. Sie werden in einer menschlichen Sprache geführt.

Durch das Internet kommen Menschen miteinander ins Gespräch, das war im Zeitalter der Massenmedien undenkbar.

Die Menschen in den vernetzten Märkten haben erkannt, dass sie voneinander wesentlich bessere Informationen und mehr Unterstützung erhalten, als von den Händlern und Verkäufern. Soviel zur unternehmerischen Rhetorik über den Mehrwert ihrer Waren.

Es gibt keine Geheimnisse mehr. Die vernetzten Märkte wissen über die Produkte der Unternehmen mehr, als die Unternehmen selbst. Ob die Nachricht gut oder schlecht ist – das Wissen spricht sich herum.

Unternehmen sprechen nicht mit derselben Sprache wie diese neuen vernetzten Gespräche. In den Ohren der von ihnen Angesprochenen klingen die Unternehmen hohl, flach und regelrecht unmenschlich.

Bereits in wenigen Jahren wird die heute homogenisierte Sprache des Geschäftslebens – der Klang von Mission-Statements und Unternehmensbroschüren – so künstlich und aufgesetzt klingen, wie die Sprache am französischen Hof im 18. Jahrhundert.

Schon jetzt kommen die hohlen Phrasen vieler Unternehmen bei den Menschen nicht mehr an.

Inzwischen können Unternehmen sich unmittelbar mit ihren Märkten austauschen. Wenn sie diese Chance nicht wahrnehmen, könnte es ihre letzte gewesen sein.

Bombastische Ankündigungen, z. B. „Wir wollen die Besten im Markt für XYZ sein“, markieren keine Position.

Die Unternehmen müssen von ihren Elfenbeintürmen herabsteigen und das Gespräch mit den Menschen suchen, mit denen sie hoffen, eine Beziehungen aufbauen zu können. Werden wir direkt: Wir sind diese Märkte. Wir wollen mit euch sprechen.

Wir wollen wissen, was ihr in den Unternehmen treibt, wir wollen eure Pläne und Strategien kennen, wir wollen Zugang zum Besten, was ihr an Intelligenz und Wissen zu bieten habt.

Eure Hochglanzbroschüren öden uns an und der Schnickschnack auf euren Webseiten schmeckt nach faden Fertiggerichten.

Der aufgeblasene, selbstherrliche Jargon, mit dem ihr um euch werft – in der Presse und auf euren Konferenzen – was hat das mit uns zu tun?

Ihr seid herzlich eingeladen, aber es ist unsere Welt. Zieht eure Schuhe an der Tür aus. Wenn ihr mit uns handeln wollt, dann steigt herunter von eurem hohen Ross.

Gegen eure Werbung sind wir immun. Also vergesst es.

Wenn ihr wollt, dass wir uns mit euch unterhalten, dann erzählt uns was. Zur Abwechslung mal etwas Interessantes.

Wir haben einige Ideen, die euch interessieren: neue Werkzeuge, die wir brauchen, bessere Dienstleistungen. Sachen, für die wir gerne bezahlen. Habt ihr mal eine Minute?

Ihr seid zu sehr mit dem „Geschäftemachen“ beschäftigt, um unsere E-Mail zu beantworten? Das tut uns Leid, ehrlich, wir kommen später wieder – vielleicht.

Wenn wir Fragen haben, wenden wir uns an andere Menschen im Internet.

Hättet ihr „eure Leute“ nicht so gut im Griff, dann wären sie vielleicht unter den Menschen, an die wir uns wenden. (Quelle: http://clue train.de, downgeloadet am 10.5.2007, 13:05 Uhr)

Der Tipping Point, Malcolm Gladwell

Warum werden einfache Songs zu Millionenhits, Schuhe die schon jahrelang auf dem Markt waren mit einem Mal zu Verkaufsschlagern, warum gab es in der Kriminalitätsrate von New York einen Wendepunkt, von dem ab sie nicht mehr anstieg, sondern sank – und das stetig? Warum kommt es immer wieder zu rätselhaften Serien von Teenager-Selbstmorden? Wirken Teenager-Selbstmorde ansteckend? Das beschreibt der New Yorker Journalist und Buchautor Malcolm Gladwell in einem spannenden Buch: Der Tipping Point.

> „Der Tipping Point ist die Biographie einer Idee, und die Idee ist sehr einfach. Sie besagt, dass man die dramatische Verwandlung von unbekannten Büchern in Bestseller oder den Anstieg des Rauchens unter den Teenager oder das Phänomen der Mundpropaganda oder eine ganze Anzahl von anderen geheimnisvollen Veränderungen im Alltagsleben am besten versteht, wenn man sie sich als Epidemien vorstellt. Ideen und Produkte verbreiten sich genauso wie ein Virus.“
> (Malcom Gladwell, Der Tipping Point, S. 13)

Der Tipping Point ist der Punkt, an dem eine Krankheit zur Epidemie wird, ein Produkt zum Renner, ein Verhalten von wenigen Trendsettern oder Randgruppen zur allgemeinen Modeerscheinung.

Drei Regeln charakterisieren diese sozialen Epidemien:

- das Gesetz der Wenigen,
- der Verankerungsfaktor,
- die Macht der Umstände.

Das Gesetz der Wenigen

Um eine soziale Epidemie auszulösen, braucht es nicht den Einsatz von Massenmedien – im Gegenteil. Oft sind diese dazu nicht in der Lage. Es braucht nur wenige Menschen, die als Überträger dienen. Sie infizieren andere mit einer Idee und je mehr diese um sich greift, desto schneller wird daraus eine Mode, ein Trend.

Der Verankerungsfaktor

Botschaften werden erst ansteckend, wenn sie auf unwiderstehliche Art und Weise verpackt sind. Denn die Art und Weise der Verpackung entscheidet darüber, ob sich eine Botschaft bei uns festsetzt (verankert) oder so wie jede der tausend, täglich auf uns einprasselnden Meldungen, die unser Gehirn zu verarbeiten hat, untergeht. Das ist exakt der Punkt, wo die Werbung ins Spiel kommt. Denn natürlich sind Werbeprofis genau die Leute, die sich beruflich darum kümmern, Werbebotschaften so zu verpacken, dass sie bei den Verbrauchern haften bleiben. Die Beispiele, die Gladwell schildert, zeigen, dass es manchmal Kleinigkeiten sind, die zur Verankerung einer Botschaft führen und dann zum Beispiel die gewünschten Verhaltensänderungen oder Aktivitäten auslösen.

Eines der geschilderten Experimente ist das berühmte Furcht-Experiment des Psychologen Howard Levanthal, das bereits in den Sechziger Jahren an der Yale Universität durchgeführt wurde. Howard Levanthal teilte die am Experiment teilnehmenden Studenten in verschiedene Gruppen und händigte ihnen unterschiedliche Broschüren aus, die auf unterschiedliche Weise die Gefahren einer Tetanus-Erkrankung schildern und darauf hinweisen, dass man sich an der Universität kostenlos dagegen impfen lassen könne. Eine dieser Gruppen war die Furcht-Gruppe: Sie erhielt eine Broschüre in der schockierende Bilder von Tetanusopfern zu sehen waren. In anderen Broschüren waren gar keine Bilder enthalten oder lediglich sachliche Informationen abgedruckt.

Die Frage war nun, welche der Broschüre besser wirken würde. Diejenigen, die die Furcht-Broschüre erhalten hatten, waren überzeugter von der Notwendigkeit, sich impfen zu lassen - das ergab die anschließende Befragung. Aber gingen sie wirklich eher zur Impfung als andere?

Einen Monat nach Ende des Experiments war fast keiner der Studenten zur Impfung gegangen – nur 3 % der Teilnehmer hatten davon Gebrauch gemacht. Dann wiederholte Levanthan das Experiment und die Impfrate schoss auf 28 % hoch. Was hatte er getan? Er hatte an den Broschüren nichts Grundlegendes geändert - sie blieben von der Konzeption her gleich. Er ließ lediglich einen zusätzlichen Campusplan eindrucken, auf dem man die Impfstelle sehen konnte und schrieb die Öffnungszeiten daneben.

Allein diese Kleinigkeit bewirkte die große Veränderung im Impfverhalten und damit die Wirkung der Broschüre. Aber eine zweite Tatsache war ebenso erstaunlich - obwohl man annehmen konnte, dass alle Studenten das Gesundheitszentrum und dessen Öffnungszeiten kannten, stellte der nochmalige Hinweis darauf offenbar eine weit bessere Handlungsaufforderung an die Studenten dar. Ohne diese zusätzliche Information war die Nachricht offenbar nicht vollständig im Bewusstsein der Studenten verankert.

Die Macht der Umstände

Ob aus einem Buch ein Bestseller wird oder ob es in den Verkaufszahlen vor sich hindümpelt, ist nicht allein den Überträgern oder dem Verankerungsfaktor zuzuschreiben. Denn es gibt mehr oder weniger gute oder glückliche Umstände, die den Erfolg oder Misserfolg begünstigen. Auch wenn dieses Gesetz sehr allgemein formuliert ist und zu den erwähnten Umständen nahezu alles gehören kann, was die Ausbreitung ansteckender Ideen begünstigen oder behindern kann, werden in den Beispielen von Gladwell vor allem Gruppen – heute würde man sagen „Netzwerke" – als Umstände beschrieben, die die epidemieartige Verbreitung von Botschaften fördern.

Dank Netzwerkeffekt zum Buchbestseller. Am Beispiel des Bestsellers The YaYa-Sisterhood von Rebecca Wells (deutsch: „Die göttlichen Geheimnisse der Ya-Ya-Schwestern"), der sich mit 48 Auflagen über 2,5 Millionen Mal verkaufte, zeigt Malcom Gladwell, dass die Verankerungsfaktoren und die Überträger allein wohl nicht ausgereicht hätten, das Buch zum Bestseller zu machen. Was er der Macht der Umstände zurechnete, ist genau genommen ein Netzwerkeffekt. Lokale Lesegruppen haben das Buch in den ganzen USA bekannt gemacht – das sind kleine Zirkel, in denen Bücher vorgestellt, gemeinsam gelesen und diskutiert werden. Offenbar hat sich das Buch als idealer Diskussionsstoff für diese Gruppen erwiesen – ein Buch, zu dem jeder Erfahrungen, Erlebnisse und eigene Geschichten einbringen konnte. Natürlich suchen solche Lesegruppen bevorzugt Bücher, die auf ein allgemeines Interesse stoßen und genügend Stoff für gemeinsame Gespräche liefern.

Malcom Gladwell stellt fest: Je besser sich die Teilnehmer einer Gruppe untereinander kennen, je enger die Beziehungen unter ihnen sind, desto rascher verbreiten sich Nachrichten innerhalb einer Gruppe – was nicht sehr verwunderlich ist. Tipps und Empfehlungen wirken nun mal viel stärker, wenn sie von Freunden und Bekannten kommen. Auch die Sozialpsychologie weiß längst, dass Kommunikation vor allem dann wirken kann, wenn mir der Tippgeber nahe stehend, sympathisch und mir ähnlich ist. Menschen mit ähnlichen Interessen verbinden sich nun mal gerne in Netzwerken. Die Intensität von Beziehungen und der Vernetzungsgrad ist in aller Regel in kleineren Gruppen stärker als in großen.

Wie groß sollen Gruppen oder Netzwerke sein, damit enge Beziehungen noch möglich sind und sich Botschaften besonders gut verbreiten? Nicht größer als 150, sagt Gladwell. Sowohl die Hutterer als auch der erfolgreiche amerikanische Konzern Gore agieren nach diesem Prinzip. Bei Gore beschäftigt keine Niederlassung mehr als 150 Mitarbeiter.

Fazit: Das im Jahre 2000 erschienene, von dem New Yorker Journalisten Malcolm Gladwell verfasste Buch ist kein Werk, das sich explizit mit Marketing befasst. Dennoch leistete dieses populärwissenschaftliche Buch wohl den größten Beitrag, das Phänomen Mundpropaganda auf den Radar der Marketingprofis zu bringen. Die meisten der Marketingleute, die sich mit Mundpropaganda und Viralem Marketing beschäftigen, haben dieses Buch nicht nur gelesen, sondern für viele war es die Initialzündung, um sich dem Mundpropaganda-Marketing zu widmen.

2. Wie wichtig ist Mundpropaganda?

Bereits nach dem Zweiten Weltkrieg beschäftigten sich einige akademische Forscher mit dem Begriff. Und aus dem Jahre 1967 stammt eine Definition des Begriffes von Peter Arndt, der in einem ausführlichen Artikel den Forschungsstand zusammenfasste. Demnach ist Mundpropaganda:

„Mündliche, persönliche Kommunikation zwischen einem Empfänger und einem Sender über eine Marke, ein Produkt oder eine Dienstleistung, wobei der Empfänger den Sender als nichtkommerziell handelnde Person wahrnimmt."

Damit entsprach diese Definition wohl auch dem damaligen allgemeinen Sprachgebrauch des Wortes Mundpropaganda. Aus heutiger Sicht ist sie nicht mehr zutreffend. Denn diese Definition lässt selbstverständlich außer Acht, welch gewaltiges Potenzial der Vernetzung und des Austausches von Informationen wir dank der Benutzung von Handys, PDAs, Internet, WLAN und anderen Entwicklungen haben.

Die Definition von Mundpropaganda

Mundpropaganda ist jegliche Kommunikation zwischen Individuen über Produkte, Dienstleistungen, Marken, die ohne kommerzielles Interesse geschieht. Sie ist nicht notwendigerweise an mündliche oder schriftliche Äußerungen gebunden. Die Teilnehmer an der Mundpropaganda können Informationen auch mit Bildern, Videos oder durch jede andere Kommunikationsmöglichkeit übertragen.

Mundpropaganda ist nicht auf das persönliche Gespräch beschränkt

Jedes Medium, das zum Austausch von Informationen genutzt werden kann, wird auch für Mundpropaganda genutzt. Mundpropaganda kann also sowohl im persönlichen Gespräch stattfinden, in dem sich Sender und Empfänger gegenübersitzen. Sie kann aber auch über Medien vermittelt werden. Viele dieser Medien (da hätten auch die damaligen Forscher zugestimmt) sind Medien, die ein persönliches Gespräch zwischen Personen - nur in anderer technischer Form - ermöglichen. Die damalige Definition diente dazu, klassische Medien wie Tageszeitungen, Radio oder Fernsehen als Medien der Mundpropaganda auszusondern. So kam zwar eine klare Abgrenzung zur Werbung, PR oder journalistischen Meinungsäußerungen zustande. Aber das neue Medium Internet hatte noch niemand auf dem Plan.

Wenn heutzutage jemand seiner Begeisterung über sein neues Auto darüber Ausdruck verleiht, dass er es fotografiert, filmt, eine elektronische Postkarte davon anfertigt und verschickt, sein Foto beim Bilderdienst Flickr hochlädt oder sein Video bei Google Video oder YouTube einstellt, dann betreibt er eindeutig Mundpropaganda für diese Automarke. Eine Form von Mundpropaganda, an die die Forscher in den 60er Jahren noch nicht gedacht haben.

Mundpropaganda kann sich sowohl mündlich als auch in schriftlicher Form äußern

Auch in E-Mails, SMS-Messages, beim Instant Messaging oder Chatten findet Mundpropaganda statt. Ja man kann sogar sagen, ohne diese Kommunikationsmöglichkeiten wäre die Mundpropaganda möglicherweise gar nicht so bedeutend und einflussreich geworden, wie sie es heute ist.

Mundpropaganda setzt voraus, dass der Sender als nichtkommerziell handelnde Person wahrgenommen wird

Wer Mundpropaganda betreibt, handelt nicht aus kommerziellen Motiven. Das unterscheidet die echte Begeisterung eines „Mundpropagandisten" von der eines Verkäufers oder Maklers, der mir ein Produkt in den höchsten Tönen empfiehlt, weil er es verkaufen oder vermitteln will. Auch wenn wir uns alle einig sind, dass wir Mundpropaganda so verstehen - in der Praxis fällt es dann äußerst schwer festzustellen, ob wir „echte Mundpropaganda" vor uns haben. Oder ob hinter so mancher Äußerung nicht doch kommerzielle Interessen, z. B. in einem Forum oder einem Online-Shop, stecken.

Und was ist digitale Mundpropaganda?

Viele Autoren unterscheiden gerne zwischen der Mundpropaganda, die im persönlichen Gespräch stattfindet und der Mundpropaganda, die es im Internet gibt. Die Unterscheidung ist sinnlos, was die Inhalte angeht. Denn die Menschen geben im Vier-Augen-Gespräch nichts anderes von sich als im Chat-Room oder in einer E-Mail an ihre Freunde. (Sprachforscher haben übrigens herausgefunden, dass die Ausdrucksweise in Chats, SMS und E-Mails ohnehin eher dem gesprochenen Wort als dem Schriftdeutsch ähnelt.)

Allerdings gibt es zwei bemerkenswerte Unterschiede zwischen „digitaler" und „analoger" Mundpropaganda für das Mundpropaganda-Marketing festzuhalten:

- Digitale Mundpropaganda verbreitet sich viel schneller und weiter.
- Digitale Mundpropaganda lässt sich leichter entdecken und bewerten.

Mundpropaganda als Naturgewalt?

Mundpropaganda entsteht von selbst, sagen die einen und zucken die Achseln. So, als könne man als Unternehmer gar nichts dazu beitragen. Mundpropaganda lässt sich verbreiten wie ein ansteckender Virus, sagen die anderen und bieten dazu ihre Dienste an. Ja was nun? Kann man was tun oder nicht?

Beide Positionen sind weder ganz falsch noch ganz richtig. Falsch ist vor allem das Bild, dass man nur gewisse Knöpfe im Hirn drücken müsste und die Verbraucher geben ihre Immunabwehr gegen Werbung auf, infizieren sich mit einer Marketingbotschaft und können gar nicht umhin, diese weiterzugeben. Dies ist das falsche Bild des Schnupfenvirus, der sich in Windeseile verbreitet. Völlig falsch ist es aber auch zu behaupten, man könne gar nichts tun. Denn natürlich gibt es Unmengen von Beispielen, in denen erfolgreiche Unternehmer vormachen wie sie Mundpropaganda nutzen, um ihr Produkt ins Gespräch zu bringen, neue Kunden zu gewinnen und diese wiederum für sie auf Kundensuche gehen.

Richtig ist, dass Gespräche, die nötig sind, um Mundpropaganda auszulösen, nicht so leicht zu initiieren sind und sich nicht so exakt steuern lassen wie ein Produktionsplan für die Fertigung. (O. K., Fertigungsleiter können vielleicht auch hier das Gegenteil einwenden.) Aber deswegen von dem Instrument des Mundpropaganda-Marketings ganz die Finger zu lassen, wäre sehr unpassend. Richtig ist auch, dass es Nachrichten gibt, die sich leichter und schneller verbreiten als andere Gespräche. Nachrichten, die sich wie ein sprichwörtliches Lauffeuer verbreiten.

Beide Positionen werden übrigens von Unternehmen der Werbebranche genährt – die einen bauen nach wie vor auf die Kraft der klassischen Werbung und erklären Mundpropaganda zu einer nicht beeinflussbaren Naturgewalt. Die anderen haben anstelle des betulichen Wortes „Mundpropaganda" den Terminus „Viralmarketing" gewählt und behaupten, sie können Werbebotschaften wie Viren unters Volk bringen und niemand könne sich gegen eine Ansteckung wehren. Beide Positionen umgeben Mundpropaganda mit einem Hauch des Mythischen, der es für den Alltag weniger brauchbar macht. Dabei wird es für Unternehmen Zeit, aktives Mundpropaganda-Marketing zu betreiben und das heißt: alle Marketingmaßnahmen so einzusetzen, dass sie positive Gespräche über Marken, Unternehmen, Produkte und Services auslösen und negative minimieren.

Was ist Mundpropaganda-Marketing?

Definition Mundpropaganda-Marketing: Der Einsatz bestehender Marketinginstrumente mit dem Ziel, positive Gespräche über das Unternehmen (Produkt, Marke etc.) zu maximieren und negative Gespräche zu minimieren.

Mundpropaganda-Marketing – die Querschnittsaufgabe für das Marketing

Mundpropaganda-Marketing ist also eine Aufgabe innerhalb des Marketings. Es ist kein separates Instrument, sondern das, was man eine Querschnittsaufgabe nennt: alle Mittel und Techniken des Marketing müssen daraufhin überprüft werden, ob und vor allem wie sie geeignet sind, die erwünschte positive Mundpropaganda auszulösen. Alle klassischen Elemente des Marketing, also Produkt- bzw. Leistungspolitik (Product), Preispolitik (Pricing), Kommunikationspolitik (Promotion), Distributionspolitik - Vertrieb, Logistik - (Placement) können und müssen so gestaltet werden, dass sie ihren Beitrag zu einer positiven Mundpropaganda leisten.

Die Ziele des Mundpropaganda-Marketings

Mundpropaganda-Marketing kann die unterschiedlichsten Zielsetzungen haben und wie bei der Planung jeder Marketingmaßnahme sollten die Zieldefinitionen am Anfang stehen. Hier ein paar Beispiele für typische Zielformulierungen:

- Herausfinden, ob und wie über das Unternehmen, seine Produkte und Services in zwischenmenschlichen Gesprächen geredet wird.
- Erkenntnisse über Verbesserungspotenziale und Innovationen gewinnen.
- Informationen und Erkenntnisse über den Markt und den Wettbewerber beschaffen und analysieren.
- Positive Gespräche über das Unternehmen, die Marke, Produkte und Dienstleistungen fördern.
- Themen schaffen, die sich für Mundpropaganda eignen (so genanntes Themen-Setting).
- Negative Mundpropaganda eindämmen.

Von Networks, Buzz und Virals – Verwandte Disziplinen und Begriffe

Es gibt wohl kaum ein Buch über Mundpropaganda, das nicht eine eigene Definition des Begriffes vornimmt. Und es gibt eine Menge Leute, die das Wort Mundpropaganda nicht mehr in den Mund nehmen. Mal, weil sie die Schwerpunkte ihrer Arbeit ganz bestimmten Aspekten der Mundpropaganda widmen. Mal, weil sie der Meinung sind, es wäre verkaufswirksamer, das alte volkstümliche Wort durch ein neues zu ersetzen. Da ist mal vom Viralmarketing, vom Buzz-Marketing, vom Network-Marketing oder vom Loyalitätsmarketing die Rede. Alle diese Begriffe haben etwas mit der Mundpropaganda zu tun. Was genau, lesen Sie jetzt.

Viral Marketing

Einer der frühesten Erwähnungen des Begriffes „Viral Marketing" findet sich in einem 1989 erschienenen Artikel des „PC User" Magazin. Dort wird über die Einführung des Macintosh SE berichtet. Sobald ein Macintosh im Unternehmen war, hieß es in dem Artikel, wollten ihn alle haben – lieber als einen Compaq oder IBM. „It is viral marketing. You get one or two in and they spread throughout the company." (Zitat aus Kirby etc., Connected Marketing, S. 89).

Sicher kein Zufall, dass der Begriff gerade im Zusammenhang mit dem Apple Marketing erstmals erwähnt wurde. Denn die Marke Apple gehörte damals wie heute zu den strahlenden Sternen am Himmel der Mundpropaganda-Stars.

Die Post-it-Story. In der Praxisliteratur zum Viral Marketing werden Sie auch immer wieder den Hinweis auf die gelben Post-it lesen. Schon die Legende von ihrer Entstehung ist ein gutes Beispiel dafür, wie man Geschichten auslöst, die sich jahrzehntelang weitererzählen lassen.

Ihre Entdeckung beruht angeblich auf einem Missgeschick. Irgendwann ist in den Versuchslabors der Firma 3M ein Kleber entstanden, der nicht klebte. Jedenfalls so schwach, dass sich die Teile von selber wieder lösen ließen. Genau das aber faszinierte den 3 M Mitarbeiter Arthur L. Fry, den späteren Erfinder der Post-it-Zettel. Ein weiterer Zufall brachte Fry dann auf die Idee der Haftzettelchen. Denn eines Tages verpasste Fry, der ein Mitglied des Kirchenchores war, seinen Einsatz, nur weil der Merkzettel im Gesangbuch verrutscht war. Die Idee war geboren. Aber die Post-it konnte man trotzdem nicht an den Mann bringen. Die klassischen Werbemaßnahmen, die man für das neuartige Produkt durchführte, versagten. Erst als sich der Hersteller entschloss, diese Post-it als Warenproben an Chefsekretärinnen zu versenden, konnte der Siegeszug beginnen. Ähnlich wie beim Apple Macintosh wirkte die Einführung des Produktes in den Büroalltag offenbar ansteckend.

Bis heute gilt die Überlassung einer oder mehrerer Warenproben als eine wirksame Viral-Marketing-Taktik.

Viral Marketing – Stand heute

Im Jahre 1996 veröffentlichte der Harvard Professor Jeffrey Rayport einen Artikel in dem US-amerikanischen Wirtschaftsmagazin Fast Company, in dem er Marketingprogramme mit Viren verglich. Darin schreibt er von den Problemen der Werbeleute, ihre Botschaften ins Hirn der Verbraucher zu bringen. Immer lauter, immer schriller und immer teurer sei das. Seine Lösung ist das Virus Marketing: denn Viren überwinden das Immunsystem, sie infizieren den Verbraucher unbemerkt und ungewollt und entfalten nach einer gewissen Inkubationszeit ihre Wirkung.

Eine gute Strategie sei es nach Rayports Meinung auch, Produkte und Dienstleistung in einer Einführungsphase kostenlos abzugeben.

So machten es die Hersteller der Finanzsoftware Quicken. Sie boten jedem Nutzer an, die Software kostenlos zu bestellen und legten der Order eine Rechnung bei mit dem Hinweis:

„Wenn Sie nicht innerhalb von acht Minuten nach Öffnen des Programms produktiv damit arbeiten können, zerreißen Sie die Rechnung." Die meisten Nutzer hatten die Rechnung bezahlt und Quicken einen Marktanteil von 70 % erobert.

Rayports Artikel folgt einem alten Marketing-Strickmuster, das wir schon von dem Weltbestseller „Die geheimen Verführer" von Vance Packard kennen. In diesem Strickmuster geht es darum, gegen den Willen der Opfer in sie einzudringen und zu offenbar willenlosen Konsumenten zu machen. Laut Rayport sind diese Marketingviren folgendermaßen gekennzeichnet:

- Sie tarnen das angebotene Produkt oder die Dienstleistung, um das Immunsystem unerkannt zu überwinden. Was nicht als Werbebotschaft bemerkt wird, kann auch nicht abgewiesen werden.
- Sie brauchen eine Inkubationszeit, bevor die Wirkung eintritt.
- Sie verbreiten sich über soziale Interaktion, zum Beispiel über das Internet.

- Sie nutzen die Verbindungen besonders kontaktfreudiger Individuen zur Weiterverbreitung.
- Sie bleiben unsichtbar, bis es zu einer Epidemie kommt.

Das klingt ein bisschen so, als seien die Virusmarketer die Helden der Branche, die einzigen, die nun womöglich die Herstellung erfolgreicher Werbebotschaften beherrschen würden. Fast so wie die Alchimisten, die im Mittelalter vorgaben, die Formel zur Herstellung von Gold zu besitzen.

Ein paar Jahre später (2003) liest sich das schon weniger mystisch und aufregend, mit den Worten des bekannten Loyalitätsforschers Frank Reichheld. Er definiert Viral Marketing so:

„... beschreibt Viral Marketing jede Strategie, die Individuen dabei unterstützt, Marketingbotschaften an andere weiterzureichen und so das Potenzial für exponentielles Wachstum der Verbreitung und des Einflusses der Botschaft schafft. Wie Viren nutzen diese Strategien die rasche Vervielfältigung, um die Botschaft an Tausende oder Millionen zu verbreiten."

(Kirby etc., Connected Marketing, S. 88)

Die geheimnisvollen Viren, die das Immunsystem überwinden sind auf der Strecke geblieben – nur der Begriff Viral Marketing hat offenbar überlebt. Und die Praxis des Viralmarketings zeigt, worauf die Anwender dieser Methode heute ihre Arbeitsschwerpunkte setzen:

- Virales Marketing konzentriert sich auf vom Unternehmen erzeugte Werbebotschaften und lässt Gespräche von Konsumenten über Marken und Produkte außer Acht.
- Explosionsartige Verbreitung ist gefragt. Virales Marketing will nicht Botschaften in die Welt setzen, die sich mehr oder weniger im üblichen Umfang verbreiten, sondern deren Verbreitung soll virus- oder explosionsartig vor sich gehen. Viral Marketing widmet sich also der Erforschung hochwirksamer, also besonders ansteckender und sich daher stark verbreitender Werbebotschaften.
- Ob Sender und Empfänger von solchen Botschaften aus kommerziellem Interesse handeln oder nicht, ist völlig zweitrangig.

Weiterreichen statt Weiterempfehlen: Viral Marketing ist weder Empfehlungsmarketing noch Mundpropaganda-Marketing

Das Paradebeispiel einer erfolgreichen viralen Werbung ist das des kostenlosen E-Mail-Dienstes Hotmail. Dem Unternehmen gelang es ohne nennenswertes Werbebudget (gerade mal 50 000 US Dollar standen zur Verfügung) in etwa anderthalb Jahren über 12 Millionen Nutzer zu akquirieren. Wie das? Durch einen kleinen Zusatz, der jeder über Hotmail versandten E-Mail angehängt wurde. Es war der Hinweis: „Get your free e-mail @www.hotmail.com."

Auf diese Weise wurde jede über den Dienst versandte E-Mail auch eine Werbe-E-Mail für den Maildienst. Wer sich bei Hotmail registrieren ließ und künftig seine E-Mails über den Hotmail Account versandte, wurde damit automatisch zum Werbeträger oder Überträger. Er reichte die jeder Mail angefügte Werbebotschaft weiter - ohne dass er dafür selbst eine Empfehlung aussprechen musste. Die Empfehlung war in der E-Mail-Signatur eingebaut.

Weiterreichung oder Weiterempfehlung - das ist ein himmelweiter Unterschied. Bei den vielen witzigen Filmchen oder Spielen, die wir anderen per E-Mail weiterreichen, empfehlen wir nicht unbedingt das Produkt, das sie bewerben sollen. Nein, wir reichen einfach per Mausklick einen lustigen Film weiter.

Viral Marketing widmet sich also der „Weiterreichung", nicht der „Weiterempfehlung".

Sascha Langner trifft in seinem Buch „Viral Marketing - Wie Sie Mundpropaganda gezielt auslösen und Gewinn bringend nutzen" noch eine weitere Unterscheidung:

„Denkt man an den Begriff Mund-zu-Mund-Propaganda, so kommen einem zuallererst Kundenempfehlungen in den Sinn ... Für das Viral Marketing sind diese Art von Empfehlungen jedoch weniger interessant, da sie aus einer innigen – teilweise jahrelangen – Beziehung zwischen Unternehmen und Kunde herrühren ... Für das Virusmarketing sind vor allem „Gelegenheitsempfehlungen interessant, also Empfehlungen, die nicht auf langfristigen Beziehungen mit einer Marke oder einem Unternehmen beruhen, sondern sich kurzfristig, situativ ergeben und dadurch instrumentalisierbar sind". Also beispielsweise Hinweise auf eine interessante Website, einen lustigen Werbefilm oder ein nützliches Sharewareprogramm.

Fazit: Viral Marketing konzentriert sich auf die Weiterleitungsmechanismen. Viral Marketing nutzt vor allem schwache Bindungen. Ziel ist die explosionsartige Verbreitung von Werbebotschaften.

Nebenbei: Der Begriff Viral Marketing wird von den meisten Praktikern auf das angewendet, was eigentlich nur virale Werbung ist.

Buzz Marketing

Buzz Marketing versucht über Virales Marketing hinauszugehen – nicht allein die potenziellen und tatsächlichen Konsumenten sind beim Buzz Marketing Empfänger und Verbreiter der Botschaft. Auch die Medien sollen beim Buzz Marketing zu Überträgern werden. Oftmals werden Prominente im Rahmen des Buzz Marketings eingesetzt, da sie ohnehin besonderen Eingang in die Entertainment-Bereiche der Medien finden. Hervorragende Beispiele für Buzz Marketing erleben wir im Buchmarkt. Bücher wie die der „Harry Potter"-Serie oder der „Da Vinci Code" werden nicht allein durch die Begeisterung der Leser empfohlen, sondern durch eine Flut von Presseberichten. Und solche Mega-Bestseller haben den Tipping Point längst erreicht. Sie werden so viel gekauft, weil sie von anderen so viel gekauft wurden.

Die Devise der Buzz Marketer lautet: Sorge dafür, dass du sowohl in die Mundpropaganda als auch in die Medien Eingang findest. Und dass funktioniert, weil sich Medien grundsätzlich für ähnliche Storys interessieren wie die Konsumenten auch.

Netzwerkmarketing

Als Netzwerkmarketing könnte man alle Marketingmaßnahmen bezeichnen, die Netzwerke nutzen, um Produkte zu vertreiben oder zu bewerben. Allerdings hat die Praxis den Begriff als Synonym für das so genannte Multilevel-Marketing, den Strukturvertrieb oder das so genannte Pyramiden-System im Verkauf reserviert. Käufer eines Produktes werden zu Wiederverkäufern, gewinnen neue Wiederverkäufer und werden dann auch an den Umsätzen prozentual beteiligt. Netzwerkmarketing verzichtet ganz auf klassische Werbemaßnahmen oder Pressearbeit und vertraut ganz auf die Fähigkeit der gewonnenen Vertriebsmitarbeiter, ihr Netzwerk aus Freunden und Bekannten zu Kunden zu machen. Bekannte Firmen, die auf diese Vertriebsformen setzen, sind Amway oder Herbalife. Und auch die bekannten Tupperpartys basieren auf Netzwerkmarketing. Das Netzwerk aus Freunden, Bekannten, Kollegen oder Nachbarn wird systematisch genutzt, um diese Haushaltsprodukte zu verkaufen. Die Gastgeberinnen von Tupperpartys aber sind längst keine Mundpropagandistinnen mehr, sondern Verkäuferinnen auf Zeit. Für die Dauer einer Party schlüpfen sie in die Verkäuferrolle und machen ihr kuscheliges Wohnzimmer zum Point of Sale.

Empfehlungsmarketing

Beim Empfehlungsmarketing geht es um das systematische Auslösen von Empfehlungen bestehender Kunden an ihre Bekannten, Freunde usw. Empfehlungsmarketing betrachtet also ausschließlich diese positive Seite der Mundpropaganda und widmet sich auch den Voraussetzungen, die rund um das Unternehmen und seine Produkte gegeben sein müssen, um Empfehlungen Wirklichkeit werden zu lassen. Im Empfehlungsmarketing geht man davon aus, dass vor allem zufriedene Kunden als Empfehler aktiv werden. Marketingmaßnahmen zielen dann vor allem darauf ab, den Anteil zufriedener Kunden zu erhöhen und den der unzufriedenen abzubauen. Denn so wie man davon ausgeht, dass zufriedene Kunden eine positive Weiterempfehlung abgeben, so weiß man auch: unzufriedene Kunden machen mit negativen Empfehlungen das Geschäft kaputt.

Zahlreiche Untersuchungen zeigen den Einfluss, den Empfehlungen von Freunden und Bekannten auf Kaufentscheidungen haben.

Sowohl positive als auch negative Empfehlungen sind natürlich Mundpropaganda. Und sehr häufig werden Empfehlungsmarketing und Mundpropaganda-Marketing daher gleichgesetzt. Der Unterschied ist der, dass sich Mundpropaganda-Marketing mit allen Aspekten der Kommunikation zwischen den Verbrauchern beschäftigt, und dass Empfehlungsmarketing auf die Mundpropaganda, die von bereits bestehenden Kunden ausgeht, beschränkt ist.

Im Mundpropaganda-Marketing fragt man sich allerdings auch: Was bringt die Leute zum Reden über ein neues Produkt oder eine Dienstleistung, noch bevor sie auf den Markt kommt?

Vielleicht haben Sie die Vorstellung des Apple iPhone im Internet gesehen. Noch bevor das Handy auf dem Markt war, redeten die Menschen über seine Eigenschaften und Funktionen. Es war über mehrere Tage lang (laut Auswertung von Technorati) das weltweite Gesprächsthema Nummer 1 im Internet. Haben sich da etwa Käufer unterhalten? Oder nur Apple Kunden? Nein. Das Ereignis lockte regelrecht potenzielle Kunden aus aller Welt an.

Ein Harvard Professor hat ausgerechnet, dass diese Show dem Unternehmen kostenlose Publicity im Wert von 400 Millionen US Dollar gebracht hat. Einerseits eine gigantische Zahl und ein Beweis dafür, wie perfekt Apple das Mundpropaganda-Marketing beherrscht. Ohne dass je eine Anzeige oder ein TV-Spot geschaltet wurde, ist das Apple iPhone weltweit in aller Munde. Und dennoch, ein unsinniges Rechenexempel. Denn mit keinem Werbeetat der Welt hätte man den Effekt erzielen können, den die Mundpropaganda für das iPhone bewirkte.

Loyalitäts-Marketing

Eng damit verwandt ist auch der Begriff des Loyalitäts-Marketings, das sich mit Methoden beschäftigt, die Kundenloyalität aufzubauen und zu erhalten.

Nach den deutschen Spezialisten für Loyalitäts-Marketing Anne M. Schüller und Gerhard Fuchs „bedeutet Kundenloyalität eine freiwillige Treue, emotionale, andauernde Verbundenheit und leidenschaftliche Fürsprache." (Siehe Total Loyalty Marketing, 2. Auflage 2004, S. 16) Loyale Kunden sind also sowohl treue, langjährige Kunden als auch die, die Empfehlungen für „ihre" Marke aussprechen. Auch die Erkenntnisse des Loyalitäts-Marketings tragen eine Menge dazu bei, zu verstehen, warum und wie Kunden zu Botschaftern positiver Mundpropaganda werden. Daneben zeigt das Loyalitäts-Marketing auch die Beziehungen auf, die zwischen der Mitarbeiterloyalität und der Kundenloyalität bestehen.

Affiliate Marketing

Einer Legende zufolge kam Jeff Bezos, der Gründer von Amazon, während eines Party Smalltalks auf die Idee, Affiliate Marketing zu nutzen. Eine junge Frau hatte eine Website mit Tipps zur Scheidung erstellt und fragte ihn, ob sie nicht dort Bücher zum Thema gegen eine Provision zum Verkauf anbieten könnte. Die Grundlage für das Amazon Partnerprogramm war geboren! Jeder, der an diesem Partnerprogramm teilnimmt und einen Link auf ein bei Amazon gelistetes Produkt anbietet, erhält dafür eine Provision – derzeit zwischen 5 und 8 Prozent.

Affiliate Marketing nutzt die Millionen privater Websitebetreiber in aller Welt als Vertriebspartner - und trägt dabei keinerlei Kostenrisiko. Denn Provisionszahlungen fallen nur an, wenn tatsächlich Umsätze getätigt werden.

In gewissem Sinne nutzt Affiliate Marketing zwar die Empfehlungen von Verbrauchern, unterscheidet sich aber deutlich von Mundpropaganda. Schließlich erfolgen diese Empfehlungen nicht aus freien Stücken, sondern sind mit der kommerziellen Absicht verbunden, am Verkauf eines empfohlenen Produkts mitzuverdienen.

Mundpropaganda in Zahlen

- 81 % der amerikanischen Verbraucher halten Mundpropaganda für die beste Informationsquelle über neue Produkte - 1977 waren es nur 67 %. Auf den Plätzen dahinter: redaktionelle Berichte, dann die Werbung. Bei internationalen Studien zur Bedeutung von Mundpropaganda registrierten die Forscher ebenfalls hohe Werte für die Mundpropaganda als glaubwürdige Informationsquelle. Sie liegt weltweit auf Platz 1. (Quelle: GfK Roper Consulting „Global Word-of-Mouth Study", Juni 2006)

- 50 % der negativen Mundpropaganda beruht auf dem Gefühl der Kunden ungerecht behandelt zu werden.*
- 22 % aller Gespräche enthalten Mundpropaganda.*
- Die Wahrscheinlichkeit, dass Menschen von Mundpropaganda beeinflusst werden, liegt um 50 % höher als bei klassischer Werbung, verrät eine Studie (Consumer-Generated-Media and Engagement Study, Intelliseek & Forrester, 2006.) Nach dieser Studie ist Mundpropaganda die vertrauenswürdigste Informationsquelle für Konsumenten. Sie wird auch als glaubwürdiger eingestuft als Nachrichten oder Expertenmeinungen.
- „Mehr als 80 % unserer neuen Kunden kommen durch eine Empfehlung bereits bestehender Kunden zu uns", sagt Robert Kalin, Gründer der Online-Shop-Community etsy, bei der handgefertigte Waren gehandelt werden. Bereits ein Jahr nach ihrer Gründung hatte die Community 38000 Verkäufer und knapp 90000 Mitglieder, die schon über eine Million Produkte gekauft haben. http://www.etsy.com
- „Rund 85 % unserer Kunden kommen über Mundpropaganda zu uns", sagt Prof. Dr. Günter Faltin, Professor für Entrepreneurship an der Freien Universität Berlin, der das Unternehmen Teekampagne gegründet hat. Das Unternehmen ist ohne einen Cent in Werbung investiert zu haben zum größten Händler von Darjeeling Tee in Deutschland geworden – und ist sogar weltweit größter Abnehmer dieser Teesorte. http://www.teekampagne.de
- „Mehr als 60 % unserer Umsätze kommen durch die Empfehlungen unserer Kunden zustande", sagt der amerikanische Hersteller von Faltfahrrädern Bike Friday. http://www.bikefriday.com

Alle diese Zahlen zeigen, wie wichtig die Mundpropaganda heute inzwischen geworden ist. „Die Leute vertrauen einem Typ im Chatroom mehr als einem Verkäufer", klagte unlängst ein Unternehmer. Das beweist, dass Konsumenten heute mehr Möglichkeiten haben Informationen zu suchen, sich über Unternehmen auszutauschen und diese Informationen als wertvoller einschät-

* Zahlen von Dave Balter, BzzAgents

zen, als das, was Werbung, Produktbroschüren und professionelles Verkaufspersonal von sich geben. Mundpropaganda ist die unverfälschte und objektive Meinung von Leuten, die es wissen müssen und denen man vertrauen kann, weil sie keine kommerziellen Absichten verfolgen.

Der Mehrwert der Mundpropaganda

Botschaften, die per Mundpropaganda verbreitet werden, lösen das Grundproblem der Werbung, nämlich Botschaften möglichst individuell und zum passenden Zeitpunkt an den Richtigen zu bringen. Bei Mundpropaganda wird sozusagen der Traum der Werbung wahr, eine Werbebotschaft an den richtigen Empfänger, zum richtigen Zeitpunkt, bei der richtigen Gelegenheit und individuell auf ihn zugeschnitten „auszuliefern".

Der richtige Sender

Die Menschen glauben einem Bekannten oder Freund mehr, als einem Werbespot oder einem Bericht in der Tageszeitung. Bei der Wirkung von Mundpropaganda kommt es also darauf an, wer etwas sagt. Nicht das Medium ist die Botschaft, sondern der Sender ist die Botschaft! Erkenntnisse der Lerntheorie zeigen – je positiver ein Sender bewertet wird, desto mehr beeinflusst hat das, was er sagt. Einstellungsänderungen beim Empfänger beispielsweise gelingen positiv bewerteten Sendern jedenfalls besser.

Der richtige Empfänger

Um den richtigen Empfänger von Werbebotschaften zu finden, müssen Unternehmen eine sehr genaue Vorstellung von ihnen haben. Dazu gehört das Wissen, welche Medien sie zu welchem Zeitpunkt nutzen, welche Interessen sie haben, wie ihr Freizeitverhalten ist und vieles mehr. Eine Unmenge von Daten, die in vielen Konsumgüterunternehmen gar nicht beschafft werden kann. Die Auswahl des richtigen Empfängers ist also eine hochkomplexe, zeitaufwendige, teure Aufgabe. Und dann ist da noch der Datenschutz, der verhindert, wirklich aussagekräftiges Material zusammenzutragen.

Bei Mundpropaganda müssen sich Unternehmen keine Gedanken über den Empfänger machen. Der passende Empfänger wird vom Sender ausgewählt. Meist verfügt der Sender, also der Mundpropagandist über eine Vielzahl an Daten über den Empfänger. Man kennt seine Freunde eben! Und man kennt die gemeinsamen Interessen. Im Freundes-, Bekannten-, Verwandten- oder Kollegenkreis ist es meist klar, welcher Gegenüber sich für welche Nachricht interessieren könnte.

Der richtige Zeitpunkt

Unklar ist, wann der richtige Zeitpunkt für die Streuung einer Werbebotschaft ist. Wann kann ich jemand auf den Kauf einer Einbauküche ansprechen? Wann soll ich ihm ein neues Auto offerieren? Um diesem Dilemma zu entgehen, müssen sich vor allem Unternehmen, die langlebige Gebrauchsgüter herstellen, statt zu einer gezielten Ansprache zum richtigen Zeitpunkt dazu entschließen, die Empfänger ständig mit Informationen zu versorgen. Das teure Unterfangen lautet: in den Köpfen ständig präsent zu sein, damit man zum jeweils richtigen Zeitpunkt, nämlich dann, wenn die Kaufentscheidung ansteht, ebenfalls präsent ist.

Konsumenten unterhalten sich über Kaufpläne oder anstehende Entscheidungen – und Personen, die gut miteinander bekannt sind, wissen auch, wann sich ihr Gegenüber für eine bestimmte Nachricht interessiert. Versuchen Sie mal, ein Kind auf die Welt zu bekommen, ohne die Ratschläge von Verwandten, Freunden, Kollegen oder Nachbarn anhören zu müssen!

Die passende Gelegenheit

Aus dem Alltag wissen wir: für heikle Themen braucht es auch die passende Gelegenheit. Also bringen wir unsere Liebste in romantische Stimmung, bevor wir ihr einen Heiratsantrag machen. Wir warten ab, bis wir beim Chef gute Laune spüren, bevor wir ihn um eine Gehaltserhöhung bitten. Traditionelle Werbung kann zu diesem Punkt nicht vordringen. So mag es der Marktforschung noch gelingen, einigermaßen exakt vorherzusagen, dass Küchen alle zehn Jahre oder Pkw alle sieben Jahre neu gekauft werden –

wann aber die richtige Gelegenheit für eine Werbeansprache ist, das bekommt man nicht heraus. Menschen, die sich nahe stehen, wissen natürlich auch um die passende Gelegenheit. Sie ergibt sich manchmal blitzschnell im Verlauf eines Gesprächs, wenn es mal diese oder eine andere Wendung nimmt.

Die individuelle Botschaft

Natürlich können Werbebotschaften, die über Massenmedien gestreut werden, nicht individuell sein - entweder sie treffen den kleinsten gemeinsamen Nenner des Publikumsgeschmacks oder sie gehen häufig ganz an den Bedürfnissen der Umworbenen vorbei. Wir wissen, dass wir im Direktmarketing (etwa durch persönliche E-Mails oder die guten alten Werbebriefe) die größte Chance haben, Inhalte individuell aufzubereiten. Aber machen Sie das mal, wenn Sie 10000 oder mehr Kunden in Ihrer Datenbank haben. Die Individualisierung von Werbebotschaften beschränkt sich also meist auf die persönliche namentliche Anrede und die Verwendung einer Hand voll unterschiedlicher Textbausteine.

In der Mundpropaganda werden Botschaften sehr stark personalisiert und adaptiert, d. h. auf den Empfänger in Inhalt und Wortwahl zugeschnitten. Sie werden in eigene Worte abgefasst, Dinge werden hinzugefügt oder weggelassen.

Oben genannte Faktoren stellen einen erheblichen Mehrwert der Mundpropaganda gegenüber Werbe- und PR-Botschaften im Kommunikationsmix dar. Aber wie sieht es mit ihrem ökonomischen Nutzen aus? Zahlt sich positive Mundpropaganda in höheren Verkäufen aus? Florieren die Unternehmen, über die man positiv spricht?

Der Net Promoter Score: Sage mir wie viele Empfehler du hast und ich sage dir deinen geschäftlichen Erfolg voraus

Im Dezember 2003 erschien in der angesehenen Harvard Business Review ein Artikel von Fred Reichheld unter dem Titel: „The one number you need to grow“, der einiges Aufsehen erregte. Fred Reichheld, der durch seine bisherigen Bücher zum

Thema Kundenloyalität bereits Bekanntheit erlangte, machte in dem Aufsatz mit einer gewagten These die Businesswelt auf sich aufmerksam.

Seine Behauptung: Um den Erfolg eines Unternehmens vorherzusagen, muss man nur eine Zahl kennen - eine Zahl, die er den Net Promoter Score (NPS) nannte. Wer nun denkt, die Ermittlung des Net Promoter Score sei eine höchst komplizierte Rechenaufgabe, der irrt sich. Der Net Promoter Score kann mit einer einzigen Frage und einer simplen Grundschulrechenart ermittelt werden.

Die Frage lautet: Wie wahrscheinlich ist es, dass Sie Unternehmen XY einem Freund oder Kollegen empfehlen?

Dazu sollten die Befragten den Grad der Wahrscheinlichkeit auf einer Skala von 0 (absolut unwahrscheinlich) bis 10 (höchst wahrscheinlich) selbst einordnen. Die Ergebnisse werden dann in drei Gruppen sortiert:

- Antworter, die 10 und 9 Punkte vergeben haben, sind „Promoter".
- Antworter, die 8 oder 7 Punkte vergeben haben, sind „Passive".
- Antworter, die 6 bis 0 Punkte vergeben haben, sind „Kritiker".

Der Net Promoter Score ergibt sich dadurch, dass man den prozentualen Anteil der Kritiker von dem der Promoter abzieht. Was kommt dabei heraus: Viele Firmen, ja sogar ganze Branchen, haben einen Net Promoter Score, der negativ ist. Dass heißt: Ihre Dienstleistungen oder Produkte schaffen mehr Kritiker als Promoter. Ein Wunder, dass diese Firmen noch leben!

Die NPS-Stars

Auf der Siegerseite gibt es die NPS-Stars mit NPS-Werten von 50 bis über 80 %. Zu den NPS-Stars gehören einige der erfolgreichsten Unternehmen, die Sie alle kennen: Harley Davidson hat einen NPS von 81 %, Amazon einen Wert von 73 % und eBay hat einen Wert von 71 %. Der Wert von Apple liegt bei 66 % und mit Werten um die 50 % warten der Computerhändler Dell oder American Express auf. Allen diesen Unternehmen ist es nicht nur gelungen, ihre Kunden zufrieden zu stellen - ihnen ist es gelungen, Kunden in hohem Maße dazu zu bringen, dass sie das Unternehmen weiterempfehlen. Wer einen NPS von 50 % hat, hat doppelt so viele Kunden, die einen weiterempfehlen, wie Kunden, die das nicht tun.

Auch vor Fred Reichhelds Methode, waren die erwähnten Firmen bereits in aller Munde - das Engagement der Apple Fans für ihre Marke wurde ebenso wie die lebenslange Begeisterung der Harley Fahrer in Dutzenden von Marketingbüchern beschrieben.

Und Firmen wie Amazon und eBay sind tatsächlich zu Weltmarktführern geworden aufgrund hoher Empfehlungsraten ihrer Kunden. Oder können Sie sich erinnern, durch einen TV-Spot, Bannerwerbung, E-Mail-Marketing oder Werbeanzeigen auf diese Unternehmen aufmerksam geworden zu sein?

- **Promoter:** Loyale Kunden, Fans des Unternehmens, die häufig einkaufen und das Unternehmen weiterempfehlen.
- **Passive:** Zufriedene, aber wenig begeisterte Kunden, die leicht vom Wettbewerb gewonnen werden können.
- **Kritiker:** Unzufriedene Kunden, die aus Mangel an Alternativen oder Bequemlichkeit noch nicht abgewandert sind.

Ermittlung des Net Promoter Scores bei der Allianz Suisse

Marco Scalabrin ist Projektleiter NPS (Net Promoter Score) bei der Allianz Suisse. In einem Online-Interview erläutert er, wie bei der Allianz Suisse der NPS ermittelt wird:

„Es gibt zwei Arten, einen NPS zu ermitteln: ‚Top-down' – dazu befragen wir nach dem Zufallsprinzip gewählte Kunden, ob sie uns weiterempfehlen würden. Dieser Wert ist ein interessanter Benchmark. Spannender für uns ist es aber, Kunden nach einem erfolgten Kontakt zu befragen. ‚Bottom-up' nennt sich diese Vorgehensweise. Wir fragen den Kunden zum Beispiel nach einem Schadenereignis, nach einem Beratergespräch oder nach einer Beschwerde, ob er uns weiterempfehlen würde. Für seine Bewertung stehen ihm die Zahlen 0–10 zur Verfügung. Mit ergänzenden Fragen versuchen wir, Hintergründe für die Bewertung zu erhalten." (Quelle: http://www.emarsys.net/landing/?lid=02bb954b8f64135ef1e156655ccafb1b, downgeloadet am 13.2.2007 um 12:52 Uhr)

Was hat der Net Promoter Score mit dem Unternehmenserfolg zu tun?

Fred Reichheld schrieb sein Buch nicht, um das Phänomen der Mundpropaganda messbar zu machen, sondern um eine Kennziffer zu finden, die es ermöglicht, den Erfolg eines Unternehmens vorherzusagen. Aber der Net Promoter Score ist nichts anderes als eine Kennzahl, die den Grad der möglichen positiven Mundpropaganda misst. Reichhelds Anliegen war es nachzuweisen, was der NPS mit dem wirtschaftlichen Erfolg oder Misserfolg eines Unternehmens zu tun haben könnte. Mit anderen Worten: Ist der NPS verknüpft mit dem Umsatzwachstum und Profit eines Unternehmens?

Seine Antwort ist: ja. Untersuchungen, die Fred Reichheld bei amerikanischen Unternehmen (und später auch Dr. Paul Marsden bei britischen Unternehmen) durchführte, zeigten genau diese Korrelation. Wer mehr Promoter hat, lebt gesünder. Wächst und freut sich über Gewinne.

Gute und schlechte Profite. Wie man es nicht tun sollte

Nicht zufällig habe ich das Wort gesünder in den vorigen Satz eingestreut. Denn in der Terminologie von Fred Reichheld gibt es noch etwas, was uns aufmerksam machen sollte – gute/gesunde und schlechte/kranke Profite.

Natürlich gibt es auch profitable Unternehmen, die trotz eines negativen Net Promoter Scores Gewinne einfahren. Schlechte Gewinne! Das sind keine Gewinne, die man sich aufgrund zufriedener Kunden verdient. Sondern Gewinne, die durch Firmeneinkäufe, massive Werbung, aggressive Neukundenakquise, Rabattschlachten oder einfach unfaire Geschäftspraktiken erkauft wurden. Schlechte Profite sind die, die mehr Kritiker als Promoter erzeugen. Hier ein Klassiker für schlechte Profite aus dem Hotelgewerbe: Hotels, die einfachste Nebenleistungen zu horrenden Preisen abrechnen. Etwa einen dreistündigen Internetzugang zu einem Preis verkaufen, der dem einer Monatsflatrate entspricht. Oder die für Telefonate horrende Gebühren in Rechnung stellen. Wenn Sie noch ein Beispiel brauchen, sehen Sie in der Minibar Ihres Hotelzimmers nach und überlegen Sie, wie diese Minifläschchen kalkuliert sind.

Wer mit schlechten Profiten arbeitet, tut sich keinen Gefallen. Der Kunde wird ihm das übel nehmen - und solche Kleinigkeiten machen einen positiven Gesamteindruck schnell zunichte. Diese schlechten Profite im Hotelgewerbe demotivieren übrigens auch die Mitarbeiter. Die müssen sich die Klagen verärgerter Gäste tagtäglich anhören.

Ich habe einen negativen Net Promoter Score – was tun?

Reduzieren Sie die Anzahl der Kritiker so schnell wie möglich! Finden Sie heraus, mit welchen Punkten die Kritiker unzufrieden sind und schaffen Sie die Kritikpunkte schnellstmöglich ab. Kritikpunkte können sich auf das Produkt, seinen Gebrauch, auf Serviceleistungen und vieles mehr beziehen. Denn Kunden picken sich eine unangenehme Erfahrung heraus und übertragen diese auf das ganze Unternehmen.

So stellte sich bei einer Befragung unter den Nutzern der Finanzsoftware TurboTax heraus, dass die meisten Kritiker aus den Reihen derer kamen, die vorher die Service-Hotline in Anspruch genommen hatten. Daraufhin korrigierten die Manager eine Maßnahme, die sie erst zwei Jahre zuvor beschlossen hatten. Sie schlossen das zuvor nach Indien ausgelagerte Callcenter und holten diese Funktion wieder nach USA und Kanada zurück. Vor diesem Hintergrund ist unverständlich, wieso viele Unternehmen ihre Kunden durch Callcenter-Warteschleifen schicken und dabei mit Durchhalteansagen foltern.

Ich habe einen positiven Net Promoter Score – was tun?

Investieren Sie in Ihre besten Kunden! Die meisten Unternehmen beuten ihre besten Kunden nur aus. Sie verwenden die Gewinne, die sie mit den ruhigen hochzufriedenen Stammkäufern machen und verwandeln sie in Akquisebemühungen, um neue Kunden heranzuschaffen: Das führt meist dazu, dass Neukunden bei Banken, Versicherungen, Autohäusern, Telekommunikations-/Onlinediensten und Zeitschriftenabonnements bessere Konditionen eingeräumt werden als den langjährigen Bestandskunden. Nicht wenige Menschen reagieren völlig erzürnt, wenn sie das entdecken.

Der Weinhändler, der 10-Euro-Gutscheine für Neukunden bereitstellt, sollte mindestens das Gleiche für seine Bestandskunden tun. Nein, er sollte sich besondere Belohnungen für sie ausdenken.

Unterstützen Sie Ihre Fans. Sorgen Sie dafür, dass die, die Sie weiterempfehlen enger an Ihr Unternehmen gebunden werden. Machen Sie es ihnen besonders leicht, Sie weiterzuempfehlen.

Finden Sie mehr Promoter. Jedes Unternehmen hat eine große Anzahl passiver Kunden. Sie sind im Großen und Ganzen zufrieden, aber nicht begeistert genug, Ihr Unternehmen und seine Produkte weiterzuempfehlen. Versuchen Sie, diese Passiven in Promoter zu verwandeln.

Der amerikanische Mundpropaganda-Spezialist BzzAgents arbeitet Programme aus, um die zufriedenen Kunden noch stärker ans Unternehmen zu binden. Der Erfolg: Selbst bei Unternehmen, die bereits über einen hohen Net Promoter Score (NPS) verfügten, ließ sich dieser nochmals steigern. Der NPS veränderte sich in einem Fall von 65 auf 77 – stieg also um ganze zwölf Punkte.

Der ökonomische Wert von Mundpropaganda

Die Frage, was Mundpropaganda wert ist, können Sie für Ihr Unternehmen gezielt beantworten. Dazu müssen Sie zunächst wissen, was jeder einzelne Kunde wert ist. Diese Berechnung, die in der Betriebswirtschaft üblich ist und in zahlreichen Managementbüchern erläutert wird, ergibt sich aus den durchschnittlichen Umsätzen, die pro Kunde getätigt werden und der durchschnittlichen Dauer der Geschäftsbeziehung zu ihm, den so genannten Customer Lifetime Value.

Customer Lifetime Value: Angenommen Ihr Durchschnittsumsatz pro Kunde liegt bei jährlich 10 000 Euro und die durchschnittliche Dauer der Geschäftsbeziehung beträgt zehn Jahre, dann ist jeder Kunde 100 000 Euro wert, solange er bei Ihnen bleibt.

Beispiel Dell: Was jede einzelne Empfehlung wert ist

In einer Beispielrechnung für das äußerst erfolgreiche Unternehmen Dell hat Fred Reichhelds Marktforschungsunternehmen Bain & Company den Wert jeder einzelnen Empfehlung berechnet.

(1) 25 % der Neukunden von Dell sagten, dass sie auf Empfehlung Kunde von Dell geworden waren. Im Jahre 2003 gewann Dell weltweit 4 Millionen neue Kunden, 1 Million davon also durch Mundpropaganda.

(2) Der Durchschnittswert jedes neuen Kunden liegt im Unternehmen Dell bei 210 Dollar. Somit waren die 1 Million Neukunden 210 Millionen Dollar wert.

(3) Aus den Befragungen ging auch hervor, dass im Jahre 2003 40 Millionen positive Kommentare/Empfehlungen zum Unternehmen Dell abgegeben wurden.

(4) Wenn also 40 Millionen positive Kommentare zu 1 Million Kunden oder 210 Millionen Dollar Umsatz führten, dann ist der Wert jeder einzelnen Empfehlung 5,25 Dollar.

Natürlich können Sie die Berechnungen noch viel weiter treiben. Und dem Kundenwert beispielsweise die Einsparung an Werbe- oder Vertriebskosten zurechnen – schließlich kamen diese Neukunden wie von selbst zu Ihnen. Aber mal ehrlich. Sind die Zahlen nicht schon beeindruckend genug?

Wie wichtig ist Mundpropaganda-Marketing?

Mundpropaganda ist kostenlos

Es stimmt. Was nicht stimmt, ist, dass Anstrengungen Ihrerseits diese Mundpropaganda zu beobachten, zu initiieren oder zu verstärken, kostenlos zu haben wären.

Aber ein leidiger Kostenblock, den Sie aus der Werbung kennen, fällt hier weg – Sie zahlen nichts für die Übermittlung der Botschaften über Ihr Unternehmen. Das machen die Konsumenten schon selbst.

Der Kosteneinsparungseffekt der Mundpropaganda besteht vor allem auch darin: Maßnahmen, die Mundpropaganda bewirken, müssen nicht extra konzipiert werden. Stattdessen werden alle Marketinginstrumente daraufhin überprüft, ob sie geeignet sind, Mundpropaganda auszulösen.

Mundpropaganda wirkt nach innen

Weitgehend unbeachtet blieb bisher auch die Tatsache, dass Mundpropaganda auch in das Unternehmen hineinwirkt. Die Tatsache, dass positive oder negative Meinungen über das Unternehmen auch auf das Selbstwertgefühl der Mitarbeiter einen Einfluss haben, kennt jedes Unternehmen, das sich mit negativer Kritik herumschlagen muss. Positives dringt viel zu selten nach innen. Bei Unternehmen, die Blogs betreiben, ist dies anders. Denn Kommentare in Blogs sind für alle Mitarbeiter sichtbar gemachte Mundpropaganda.

So berichten die beiden Pioniere unter den Unternehmensbloggern, die Saftkelterei Walther (http://www.saftblog.de) und der Online-Elektronikshop Cyberport (http://www.cyberbloc.de), von dem spürbaren Effekt, den diese Kommentare in ihren Blogs hinterlassen. Dort wird sowohl Kritik als auch Lob offen ausgesprochen. Die Tatsache, dass sich auch Interne ohne Kundenkontakt bewusst werden, welche Reaktion ihre Arbeit auslöst, stellt einen gewaltigen Motivationsschub dar.

Mundpropaganda hilft, die Werbung zu optimieren

Inzwischen gibt es zahlreiche Beispiele, die zeigen, dass Mundpropaganda, die sich mit der Werbung des Unternehmens beschäftigt, diese auch positiv beeinflussen kann. Unter dem Schlagwort „User Generated Content" – also vom Nutzer oder Kunden geschaffene Inhalte – gehen zahlreiche Firmen dazu über, ihre Werbung von ihren Kunden oder der breiten Öffentlichkeit gestalten zu lassen.

Ein erfolgreiches Beispiel dafür ist der öffentlich ausgetragene Logo-Wettbewerb des Leipziger T-Shirt-Händlers Spreadshirt.

Die Firma Spreadshirt ließ sich ihr neues Logo in einem öffentlichen Wettbewerb genannt „Open Logo Projekt" entwickeln. Die eingereichten Entwürfe wurden auf einer Website veröffentlicht und konnten von allen Besuchern diskutiert werden. Der Wettbewerb lief drei Monate. Mehr als 600 Teilnehmer haben mehr als 1 100 Vorschläge für das neue Logo eingereicht. 1 500 Nutzer haben die Webseite zu dem Wettbewerb im Schnitt täglich aufgerufen.

Die betreuende Agentur Companice zog dazu das folgende Fazit:

„Wir haben drei Monate lang die Türen geöffnet, und in dieser Zeit und ohne jegliche ‚Außenwerbung' von mehr als 600 Teilnehmern mehr als 1 100 Vorschläge für unser neues Corporate Design erhalten. ... Im Schnitt haben das Open Logo Projekt etwa 1 500 Nutzer täglich aufgerufen, mehr als 60 Nutzer wurden von uns als ‚aktiv' eingeschätzt. Wir haben gelernt, wie unsere Kunden uns sehen, uns wahrnehmen, und was ihnen an Spreadshirt wichtig ist. Ich würde jedem Unternehmen jederzeit empfehlen, ein Open Logo Projekt durchzuführen, es lohnt sich und ist auch ein guter Start für eine ‚1:1' Kommunikation, für einen Dialog mit den Kunden." (http://companice.twoday.net/stories/1818009/ downgeloadet am 28.8.2006, 15:25 Uhr)

Mundpropaganda liefert Erkenntnisse über den Wettbewerb

Wenn Sie anfangen Mundpropaganda zu beobachten, entdecken Sie nicht nur wie Sie selbst beurteilt werden, sondern auch das, was man über Ihren Wettbewerb spricht. Das bietet Ihnen Einsichten wie:

- Welche Services sind wichtig? Was funktioniert im Unternehmen, was nicht? Welche Schwachpunkte werden bemängelt?
- Image/Urteil über Produkt und Unternehmen,
- Erkenntnisse über den Markt und das Kundenverhalten allgemein,
- Aufspüren von Plagiaten, illegalen Markenverwendungen.

Mundpropaganda hilft, das Unternehmen und seine Produkte zu verbessern

In der Softwarebranche - ebenso wie im E-Commerce - ist es beinah schon üblich, neue Angebote in Beta-Versionen auf den Markt zu bringen. Das Schema ist immer dasselbe. Zunächst werden Einzelne zu einer Begutachtung eingeladen. Dann öffnet man sich dem allgemeinen Publikum - ohne die Beta-Phase aufzuheben. In dieser Zeit werden Schwachpunkte, etwa am Bedienkonzept der Software, deutlich. Beta-Tester können Vorschläge äußern, die das Produkt rund machen. Erst nach Wochen oder Monaten endet die Beta-Phase. Entweder indem das Produkt erfolgreich online geht. Oder indem es vom Markt genommen wird. Die Beteiligung der tatsächlichen oder potenziellen Kunden an der Entwicklung neuer Produkte und Services ist zumindest für Online-Angebote mit relativ kleinem Aufwand zu realisieren. Teure Flops werden so verhindert.

Stellen Sie sich vor, Sie könnten ein Unternehmen betreiben, das nur mit hervorragenden Produkten handelt. Wer Produkte nicht selbst herstellt, sondern von anderen bezieht, muss sich auf die Qualitätsaussagen verlassen.

Wenn Sie aber Ihre Kunden ermutigen, auch kritische Statements zur Produktqualität abzugeben, dann haben Sie irgendwann ein Unternehmen, das nur erstklassige Qualität im Angebot hat. Das senkt die Kosten für Reklamationen, etwaige Gutschriften, Korrespondenz mit verärgerten Kunden und natürlich Kunden, die dem Unternehmen selbst den Rücken kehren, weil sie eine schlechte Produkterfahrung auf den Einzelhändler übertragen.

Die Kunden optimieren das Produktangebot. Beispielsweise betreibt die Schweizer HolidayCheck AG ein kostenloses Meinungsportal für Hotelbewertungen im Internet. Dort können Urlauber ihre Hotelbewertungen online stellen, aber auch ihre eigenen Hotelbilder und Urlaubsfotos veröffentlichen. Ihr Geld verdienen die Leute von HolidayCheck mit einem ganz normalen Reisebüro, wo die empfehlenswerten Reisen dann direkt gebucht werden können. Für Unternehmen ist es viel cleverer, sich die Weisheit der Vielen zunutze zu machen und damit ihr Produktportfolio zusammenzustellen. Umso erfolgreicher können die Unternehmen dann agieren.

Kritik kann Schlimmeres verhindern. Beim amerikanischen Onlineshop für Outdoor-Ausrüstung und Angelbedarf Bass Pro konnte man kleine Halter für den Reserve-Angelhaken kaufen. Vier Stück davon wurden im Set für 3,99 US Dollar verkauft. Diese Halter wurden die am schlechtesten bewerteten Produkte im Onlineshop. Warum? Weil sie dauernd kaputt gingen. Mit den Hinweisen der unzufriedenen Käufer konnte die Schwachstelle des Produktes exakt benannt werden. – Der Händler gab die Ware an den Hersteller zurück, der jetzt die Konstruktion der Halterungen verbesserte. Hätte er die Website nicht für Kritik geöffnet, wären diese Meldungen niemals angekommen. Wer reklamiert schon ein Produkt, das nur wenige Dollar kostet? Allerdings wird die negative Produkterfahrung immer auch auf den Händler übertragen, der mangelhafte Produkte verkauft. Davor kann man sich schützen, indem man Kundenkommentare zu den angebotenen Produkten zulässt.

Auch der stationäre Einzelhandel kann davon profitieren, seine Kunden zum Feedback aufzufordern.

Sortimentscheck im Kaufhaus. Bereits sechs Monate nachdem die Kaufhauskette Macys ihre Website für Leserkommentare geöffnet hatte, zeigten sich erstaunliche Erfolge dieser Maßnahme. Mehr als 350 Kommentare gehen auf der Website täglich ein. Lobende und kritische zugleich. Erstaunlich, in wie vielen Kommentaren sich die Besucher untereinander helfen. Es gibt Tipps zu einer Schuhmarke (Größen fallen zu groß aus! Lieber eine halbe Nummer kleiner kaufen!) oder zu Bettwäsche von Calvin Klein (Braucht keinen Weichspüler!). Die Leser gaben Macys also klare Hinweise auf die Alltagstauglichkeit der Produkte und wichtige Qualitätshinweise. So listete der Einkauf einen metallenen Zahnbürstenhalter aus, weil mehrere Kunden darauf hinwiesen, dass er an der Unterseite Rost ansetzte.

Mundpropaganda hilft beim Verkaufen

Das Empfehlungsmarketing versucht gezielt, Kunden als Empfehler zu gewinnen. Die Techniken dafür reichen von materiellen Anreizen, Bonuskarten bis hin zur Aufforderung: Bring deine Freunde mit!

Zahlreiche Unternehmen sind aber auch dazu übergegangen so genannte Botschafterprogramme, auch Evangelist-Marketing genannt, aufzulegen. Dort werden begeisterte Kunden als Markenbotschafter gewonnen, die helfen, sowohl die Bekanntheit des Unternehmens aufzubauen als auch den Absatz der Produkte zu fördern.

Faltfahrrad mit 70. Die 70-jährige Australierin Margaret Day ist der lebende Beweis dafür, wie einzelne Empfehler zum Gelingen des Empfehlungsmarketings beitragen können. Seitdem sie im Jahre 1995 ihr erstes Falt-Fahrrad der Marke Bike Friday (http://www.bikefriday.com) gekauft hat, hat sie 110 Empfehlungen für diese Marke ausgesprochen und damit dem Unternehmen einen Umsatz von 337 170 Dollar beschert. Für jede Empfehlung, die zum Kauf führt, können Kunden entweder einen Scheck über 50 Dollar erhalten oder eine Gutschrift über 75 Dollar, die sie bei einem zukünftigen Kauf einlösen können. Um Kunden das Empfehlen leicht zu machen, erhalten sie nach dem Kauf zwölf bereits frankierte Postkarten, die den Namen des Kunden und des Verkäufers enthalten, der ihm das Fahrrad verkauft hat. Diese Karten senden sie an das Unternehmen mit dem Namen desjenigen, dem sie das Fahrrad empfohlen hatten. Bike Friday versendet dann Informationen an den Interessenten und notiert in der Datenbank den Namen des Empfehlungsgebers. Wann immer der Kunde nun kauft, erhält der Tippgeber seinen Bonus.

Das Empfehlerprogramm von Bike Friday ist nach Aussagen des Unternehmens sehr erfolgreich. Fast 60 % der Umsätze stammen aus den Empfehlungen. Werbung und Pressearbeit hat das Unternehmen reduziert – das Empfehlerprogramm arbeitet einfach besser.

Mundpropaganda hilft bei der Personalbeschaffung

Nach einer Studie des Instituts für Arbeitsmarkt- und Berufsforschung bei der Bundesagentur für Arbeit werden zwei von drei Stellen in deutschen Unternehmen mit Kandidaten besetzt, die von den eigenen Mitarbeitern vorgeschlagen wurden. Einige Unternehmen haben diese Mundpropaganda zur Personalbeschaffung sogar mit Prämien stimuliert:

- Wer beim Textildiscounter Kik zehn neue Kollegen wirbt, erhält einen Kleinwagen.
- Ein Mitarbeiter der Unternehmensberatungsgesellschaft Accenture bekommt 1500 Euro, wenn er einen Neueinsteiger vermittelt, der die Probezeit übersteht.

Die Vorteile: Mundpropaganda ist kostenlos oder weitaus preiswerter als Stellenanzeigen. Die Empfehlungen führen zu besser geeigneten Kandidaten – denn Mitarbeiter können aus der eigenen Erfahrung heraus am besten beurteilen, wer zum Unternehmen passt. Außerdem sind die Absageraten der Bewerber niedriger, weil sich die Angesprochenen ihrem Bekannten verpflichtet fühlen.

3. Wie löst man Mundpropaganda aus?

Eines scheint klar zu sein. Über normale Ereignisse reden die Leute nicht. Hören Sie einem Gespräch mal zu:

„Du warst doch gestern in diesem neu eröffneten Restaurant?"
...
„Und wie war's?"
„Ganz O.K."
„Hat es dir nicht gefallen?"
„Doch doch."
„Warum erzählst du dann nichts?"
„Naja. Es war irgendwie nichts Besonderes."

Möglicherweise wäre das Gespräch anders verlaufen - wenn etwas Bemerkenswertes in dem Restaurant passiert wäre. Ganz sicher wäre es anders verlaufen, wenn es zu Ärgernissen gekommen wäre. Denn offenbar reden die Menschen über schlechte Ereignisse um ein Mehrfaches häufiger als über positive.

Für den amerikanischen Marketingprofi Seth Godin sind es ausschließlich die bemerkenswerten Dinge, die die Leute zum Reden bringen. Aber als Antwort auf die Frage „Wie schaffe ich, dass die Leute über mich reden?", taugt die Antwort „Sei einfach bemerkenswert" recht wenig. Oder würden Sie jemand, der fragt „Wie schaffe ich es, dass sich eine Frau in mich verliebt?" mit der Antwort „Seien Sie einfach liebenswert" zufrieden stellen? (Ich weiß, ich weiß: Solche Ratgeber-Bücher, die genau diese Art von Antwort parat haben, gibt es!)

Hören Sie auf normal zu sein!

Hören Sie auf normal zu sein, ist der beste Tipp, den man Ihnen geben kann, wenn Sie wollen, dass man positiv über Sie spricht. Denn Mundpropaganda entsteht nicht, wenn alles okay ist, wenn jede Ihrer Leistungen den Erwartungen entspricht. Wenn eben alles normal ist.

Bemerkenswertes entsteht nur, wenn Sie das Normale verlassen: aufgezeigt an den beiden Rändern der folgenden Grafik.

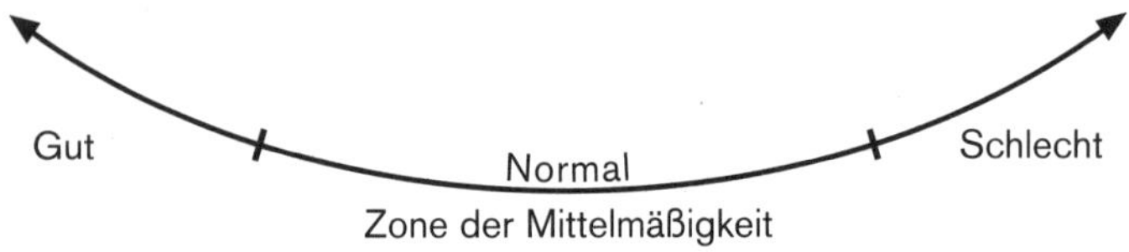

Abb. 1: Wer normal ist, wird nicht bemerkt

Seltsamerweise sind Unternehmen immer dann zufrieden, wenn es „normal" verläuft. Dabei müssen sie sich gerade dann die größten Sorgen machen, wenn sie in der obigen Grafik in der Mitte stehen. Wer sich in dieser Grafik am Rand befindet, also mit „bemerkenswert gut" oder „bemerkenswert schlecht" abgeschnitten hat, ist besser dran. Er hat gute Chancen, dass über ihn tatsächlich geredet wird. Die bemerkenswert Schlechten können sich damit trösten, dass sie wenigstens Feedback bekommen haben, und damit die Chance, in ihrem Unternehmen rasch etwas zu ändern, um die bemerkenswert schlechten Dinge abzustellen. Aber die „Normalen" – über die spricht man nicht. Sie haben die höchsten Werbeausgaben und die am wenigsten treuen Kunden. Wenn sich was Besseres bietet, zeigt man den „Normalen" die kalte Schulter.

Umso mehr gilt das Gesagte auch für die, die nicht zu Ihren Kunden gehören. Wenn es nichts Bemerkenswertes an Ihrem Unternehmen gibt, wieso sollte man dann beispielsweise eine bestehende Geschäftsbeziehung oder sein Einkaufsverhalten ändern, um zu Ihnen zu kommen? Wenn Sie in der Werbung tätig sind, vermuten Sie sicher, dass es vor allem die Werbung ist, die die Aufgabe hat, von den Vorteilen des Unternehmens und seiner Angebote zu überzeugen.

Aber Menschen beziehen ihre Informationen eben nur zu einem Teil aus der Werbung. Vermutlich ist das auch der Teil, dem sie den geringsten Glauben schenken. Die Informationen, die sie brauchen, um sich für oder gegen Sie zu entscheiden, beziehen sie aus allen Eindrücken, die sie über Ihr Unternehmen gewinnen. Wie ist sein Auftreten in der Öffentlichkeit? Gefallen mir die Produkte? Stimmt der Service? Welche Leute kaufen eigentlich diese Produkte? Ist es einfach, dort zu bestellen und einzukaufen? Sind meine Freunde auch dort?

Bemerkenswerte Produkte

Nach landläufiger Meinung ist es das Beste, wenn ein Unternehmen Produkte schafft, die Mundpropaganda auslösen. Möglicherweise sieht so der Traum eines jeden Unternehmers aus. Du bringst ein neues Produkt heraus und die Leute reden darüber. Besser wäre es, sie reißen es dir aus der Hand. In Wahrheit passiert dieses Phänomen so selten, dass es tatsächlich bemerkenswert ist, wenn es ab und zu gelingt, dass wir über Produkte mehr als gewöhnlich reden. So hat das Institut für angewandte Innovationsforschung an der Ruhr-Universität Bochum in einer Studie Innovationsexperten aus 1200 deutschen Unternehmen des produzierenden Gewerbes zu den Erfolgs- und Misserfolgsfaktoren bei der Neuproduktentwicklung befragt. Das Ergebnis: Nur 6 Prozent der neuen Produktideen wurden zu einem kommerziellen Erfolg.

Originalität und Nützlichkeit

Eine amerikanische Untersuchung aus dem Jahre 2006 (What drives Word-of-Mouth? The Roles of Product Originality and Usefulness – Sarit Moldovan, Jacob Goldenberg, and Amitava Chattopadhyay, 20 Seiten, 2006) hat sich mit der Frage beschäftigt, wie Mundpropaganda die Einführung neuer Produkte beeinflusst. Demnach spielen die beiden Faktoren Originalität und Nützlichkeit des Produktes eine herausragende Rolle. Die Originalität sorgt dafür, dass über ein Produkt sehr viel geredet wird. Die Nützlichkeit des Produktes aber bestimmt, ob die Mundpropaganda positiv oder negativ ausfällt. Und die Nützlichkeit ist es, die auch über den Markterfolg eines Produktes bestimmt. Interessantes Detail: **die höchste Floprate hatten Produkte, die sehr originell, aber wenig nützlich waren.** Das entspricht übrigens David Ogilvys Satz über die klassische Werbung: „Good advertising kills a bad product faster." Ein Produkt, das so originell ist, dass man sehr viel darüber spricht, aber gleichzeitig keinen Nutzen bietet, muss damit rechnen, dass sich nicht nur die Botschaft von seiner Originalität verbreitet, sondern auch die von seiner Nutzlosigkeit.

Eine Marke, der es immer wieder gelingt, dass über ihre Produkte in gewaltigem Ausmaß geredet wird, ist Apple. Bei der Vorstellung des Apple Telefons, des iPhone am 10. Januar 2007, war dies eindrucksvoll zu beobachten. Am Tag nach der Vorstellung des Produktes registrierte der Blogbeobachtungsdienst Technorati über 67 000 Einträge zu Apples neuem Telefon. Die Mehrzahl dieser Beiträge aus aller Welt war enthusiastisch. Steve Jobs hatte es mit einer Art Zaubershow geschafft, das Produkt „magisch" aufzuladen. Das Revolutionärste am neuen iPhone ist sicher seine Bedienoberfläche - im Gegensatz zu allen Handys, die wir kennen, besteht seine Vorderseite aus nichts als einem Display und einem kleinem Knopf. Die Tastatur, die bisher jedes Handy mit sich brachte, ist verschwunden.

Es gibt eine Unmenge von Möglichkeiten, Produkte mit bemerkenswerten Attributen auszustatten. Eine hervorragende Möglichkeit ist es, wenn Sie zu einem Produkt eine Geschichte mitliefern können.

Das Notizbuch von Picasso. Die Notizbücher und Kalender der Marke Moleskine können solch eine Story liefern. Denn Moleskine-Notizbücher sind die Bücher, die in den letzten zwei Jahrhunderten offenbar zahlreiche berühmte Künstler verwendet haben. So ziert jedes Notizbuch eine farbige Bauchbinde auf der der kurze Satz steht: „Moleskine® Das legendäre Notizbuch von Picasso, Hemingway und Chatwin." Im Notizbuch selber befindet sich ein Beipackzettel, der Auskunft über die Geschichte des Moleskine-Notizbuches gibt.

Warum Qualität nicht bemerkenswert ist

Zu den Irrtümern in Bezug auf Mundpropaganda gehört es auch zu glauben, man müsse nur das beste Produkt herstellen und schon würde es Mundpropaganda auslösen. Das führt Unternehmen reihenweise in die Falle - denn Unternehmen definieren Qualität anders als die Kunden, die bei ihnen kaufen. Und

Qualität ist in vielen Branchen gar nicht objektiv zu formulieren. Wie konnte es eigentlich zum Siegeszug des MP3-Formates für Musikstücke kommen, wenn doch die Sound-Qualität erheblich schlechter als die der bereits erfundenen CD ist? Ob nun die Papier- oder Bindequalität der Moleskine-Bücher besser oder schlechter ist als die von anderen Herstellern, spielt keine Rolle. Die Qualität ist ausreichend – die Begeisterung entsteht durch den Mythos des Produkts: Das Gefühl, ein Notizbuch in der Hand zu haben, dass auch Hemingway benutzte, dürfte für einen Schriftsteller ähnlich stimulierend sein, wie das Gefühl, das ein Geiger hat, der eine Stradivari in der Hand hält.

Ansteckende Produkte nach Emanuel Rosen

Für den amerikanischen Mundpropaganda-Spezialisten Emanuel Rosen gibt es sechs verschiedene Kategorien „ansteckender“ oder „bemerkenswerter“ Produkte:

(1) **Produkte, die eine emotionale Reaktion hervorrufen** – als Beispiel nennt Rosen den PalmPilot.

(2) **Produkte, die selbst für sich Werbung machen** – weil sie öffentlich benutzt werden und dabei durch ein cooles Design auffallen wie der Audi TT oder die Produkte von Apple oder die Laufstöcke fürs Nordic Walking, die bei Waldspaziergängen auch noch akustisch auf sich aufmerksam machen.

(3) **Produkte, die im Leben der Konsumenten Spuren hinterlassen** – wie zum Beispiel der Acrobat Reader, der die im Web weit verbreiteten PDF-Dokumente für jedermann lesbar macht. Das PDF-Symbol findet sich auf zahlreichen Web sites und sicher auch auf Ihrem Computer!

(4) **Produkte, die nützlicher werden, je mehr Leute sie benutzen** – dazu zählen vor allem Produkte, die einen sozialen Austausch ermöglichen. Das Chatprogramm ICQ, die Internettelefonie von Skype oder Netzwerk-Gemeinschaften wie Xing oder StudiVZ: sie werden attraktiver mit jedem Nutzer, der dazukommt.

(5) **Produkte, die kompatibel sind** – damit sind Produkte gemeint, die perfekt zu den Vorstellungen und Bedürfnissen der Menschen passen. Ein solches Produkt ist das Musikfor-

mat MP3 – es passt perfekt zu den in jedem Haushalt vorhandenen Computern und befriedigt das Bedürfnis, Musik zu sammeln, zu tauschen, zu kopieren und überallhin mitzunehmen.

(6) **Produkte, die das Leben nachhaltig vereinfachen.** Unser Haushalt ist voll von Produkten, die bei ihrem Erscheinen das bisherige Alltagsleben auf revolutionäre Weise vereinfachten. Die Waschmaschine, die Mikrowelle, der Brotbackautomat. Und vieles mehr! Alles, was das Leben vereinfacht, begeistert die Leute. Der Erfolg von Google ist auch ein Triumph der Einfachheit. Obwohl Yahoo und andere Suchmaschinen bereits längst etabliert waren, konnte Spätzünder Google sie noch überholen. Anstelle einer übervollen Suchportalseite wie sie Yahoo bot, besteht die Google Website nur aus einer Zeile: dem Suchfenster, in das der Nutzer seine Suchanfrage tippen kann.

Bemerkenswerte Preisgestaltung

Durch die Art und Weise der Preisgestaltung kann sehr viel dazu beigetragen werden, dass Preise selbst zum Gespräch werden. Bei der Preisgestaltung ist vor allem Klarheit und Einfachheit ein mögliches Kriterium, um positive Mundpropaganda auszulösen. Die Mobilfunk-Discounter blau.de und simyo haben das durch ihr Preismodell geschafft. Anstelle der unterschiedlichen Tarife, die bei anderen Mobilfunkanbietern je nach verwendetem Netz und Tageszeit variieren, haben sie die Aussage gesetzt: Ein Preis für alle Netze. Diese Einfachheit erleichtert die Vertriebsart – langatmige Erklärungen fallen weg, sie erleichtert dem Kunden die Entscheidung, da sie ihm die Sicherheit gibt, das Preismodell verstehen und bewerten zu können. Für die Mundpropaganda ist aber eines besonders wichtig: Ein solches Preismodell kann man seinem besten Freund erklären, ohne sich in Details zu verheddern.

Natürlich gibt es auch Negativbeispiele. Verwirrende Preisangaben können durchaus zu negativer Mundpropaganda führen. Zum Beispiel die folgende Mail, die ich als Kunde vom Mobilfunkanbieter O_2 erhielt und die mich auf ein neues Angebot aufmerksam machen sollte:

„Profitieren Sie jetzt mit O_2 DSL gleich mehrfach! Denn Sie bekommen die Highspeed-Surf-Flatrate mit bis zu 16 MBit/s inklusive DSL-Festnetzanschluss als O_2 Kunde günstiger und genießen einen Treue-Bonus von monatlich 5,– auf die O_2 DSL-Grundgebühr. Dann gibt's auch noch für jeden Euro Ihres DSL-Umsatzes einen Bonuspunkt. 4,5 Und bei Vertragsabschluss bis 31.3.2007 sogar 500 Extrapunkte! Wenn Sie Ihr O_2 DSL-Paket jetzt noch online bestellen, sparen Sie zusätzlich 49,– Anschlussgebühr. Und das Beste: O_2 DSL verlost bis 31.3.2007 eine 14-tägige Traumreise in die USA!"

Ach so ..., mit Ziffern wird auf das Kleingedruckte verwiesen. Insgesamt gibt es zu der Mail 14 Fußnoten!

Preismodelle wie „Happy Hour", „All you can eat" oder „All inclusive" sind trotz der englischen Sprache vielen Verbrauchern bekannt. Die Einfachheit des Preismodells ist Trumpf. Kein umständliches Auswählen von der Getränke- oder Speisekarte, wo neben Hunger und Appetit auch noch der Geldbeutel ins Kalkül gezogen werden muss.

Vier Beispiele, wie Sie Ihre Preise bemerkenswert gestalten können

Wer nackt kommt, zahlt gar nichts. Für eine Ausstellung zu Aktfotografien der Künstler Klimt, Schiele, Kokoschka mit dem Titel „Die nackte Wahrheit" hat sich das renommierte Leopold-Museum in Wien diese Aktion ausgedacht: Jeder, der nackt oder im Badeanzug in das Museum kommt, hat freien Eintritt zu der Ausstellung. Zur Gratiskarte gab es außerdem den Katalog zur Ausstellung und eine kleine Überraschung. Von dem Angebot hüllenlos zu erscheinen, machten zahlreiche Besucher Gebrauch.

Der Bonuspreis. Anstatt einen eigenen festen Preis anzugeben, garantiert Bonusstrom jedem Kunden bundesweit einen Bonus von zwei Cent pro Kilowattstunde auf den jeweiligen allgemeinen Tarif des örtlichen Netzbetreibers. Das ist für Kunden eine einfach zu kalkulierende Sache – die Kalkulationsschwierigkeiten, die ansonsten der Kunde hat, hat jetzt das Unternehmen. http://www.bonusstrom.de

Spekulieren und Kaffee trinken. In den C'ASIA-Coffeeshops wechselt der Preis für den angebotenen Espresso täglich. Denn der aktuelle Preis orientiert sich an der wichtigsten Warenterminbörse, der New York Coffee, Sugar & Cacao Exchange (NYCSCE). Bei einem Beispielkurs „07-10-20 COFFEE – Dec07 – 1510“ kostet der Kontrakt Kaffee (1 metrische Tonne/$) mit Lieferung im Dezember 2007 genau 1 510 US-Dollar. Daraus ergibt sich im „C'ASIA“ ein Preis von 1,51 EUR für den Espresso. Über Infotafeln und Flyer werden die Kunden über das Preisfeststellungsverfahren informiert. Die Gäste können über Leerverkäufe zum aktuellen Tageskurs Coins kaufen, den Espresso aber erst zum Zeitpunkt ihrer Wahl wieder einlösen. So kann man mitspekulieren, niedrige Preise zum Erwerb günstiger Coins nutzen und sich bei später steigenden Kaffeepreisen daran freuen. Die Coins sind dann in allen Shops der Kette (derzeit Nürnberg, Passau und Hamburg) gültig. „Die exotische Methode erhöht die positive Mundpropaganda für den Coffeeshop“, sagt Bernd Rose, Geschäftsführer des Franchise-Gebers Asia Coffeeshop & Trading GmbH.

Winterwette. Bereits zum vierten Mal hat der Reifenhersteller Pirelli vor der Wintersaison 2006/2007seine Winterwette angeboten. Die ging so:

Pirelli hat gewettet, dass im Zeitraum vom 15.11.2006 bis zum 28.2.2007 die tägliche Durchschnittstemperatur an mindestens 67 bzw. 77 Tagen (je nach Kaufort) unter +7° C bleibt. Falls nicht, wird der Winter also wärmer als von Pirelli behauptet, erhalten die Kunden, die sich für die Wette registriert hatten 50 % (ADAC Mitglieder sogar 75 %) vom Kaufpreis ihrer neuen Pirelli Winterreifen zurück! Aufgrund des milden Winters hat Pirelli die Wette im Jahre 2007 erstmals verloren. Mehr als 5 000 Kunden erhielten 50 % des Kaufpreises zurückerstattet. http://www.winterwette.de

Bemerkenswerter Service

Möglicherweise lassen wir uns durch nichts so sehr beeindrucken wie einen ausgezeichneten Service. Vor allem dann, wenn Leistungen durch den Kunden schlecht objektiv messbar oder begutachtbar sind oder wenn die Leistung in nahezu gleicher Qualität von Wettbewerbern erbracht werden kann, sind Serviceleistungen das Mittel, um sich vom Wettbewerb abzuheben und ins Gespräch zu bringen.

Wir renovieren – Sie dinieren. Unter diesem Motto bietet der Karlsruher Malerunternehmer Werner Deck seinen Kunden eine sofort einleuchtende Serviceleistung an. Solange er in einer Wohnung oder einem Haus renoviert, sind die Bewohner natürlich in den Nutzungsmöglichkeiten ihrer Wohnung eingeschränkt. Also fordert er die Kunden auf, während dieser Zeit außer Haus zu essen und ihm die Rechnung zuzusenden. Für diesen Service gibt es kein Limit – und gerade deshalb rechnen die meisten der Beschenkten äußerst fair mit dem Malermeister ab. Viele Rechnungen, die man ihm einreicht, liegen unter 20 Euro und das bei Renovierungsaufträgen, die meist vierstellig sind.

Bemerkenswerte Verpackung

Verpackungen sind ein hervorragender Auslöser für Mundpropaganda. Seltsamerweise wird die Kunst der Verpackung hierzulande nur sehr selten angewandt. Der Einzelhandel praktiziert sie fast ausschließlich zu Weihnachten. Und obwohl Sie in bestimmten Läden - wie Geschenkeshops, Haushaltswaren, Spielwarengeschäfte oder Buchhandlungen - eine Geschenkverpackung immer dann bekommen, wenn Sie das wünschen, ist diese Art der Verpackung in den seltensten Fällen geeignet, Staunen oder gar Gerede auszulösen. Auch was die Verpackung angeht, ist es wichtig: Hören Sie auf normal zu sein!

Sekretariat aus der Box. Deutschlands führender Sekretariatsservice, die ebuero AG verblüfft Neukunden mit einer Verpackungsschachtel wie wir sie von Softwareprodukten kennen. Sie nennt sich „Sekretariat aus der Box" und enthält nach Packungsangaben das Startpaket für Ihr persönliches Sekretariat – laut einer unverbindlichen Preisempfehlung sei der Inhalt 199,– Euro wert. Wer sie aufpackt ist verblüfft, denn man sieht: einen Kaffeelöffel, Kaffee- und Milchpulver und Zucker. Das eigentlich Wertvolle befindet sich auf dem enthaltenen Coupon, der es ermöglicht, den Service drei Monate zu testen. Dafür erhält man mit dem Begrüßungspaket einen Gutschein von 100,– Euro und die Grundkosten für drei Monate erstattet.

Buch in Müslischachtel. Der amerikanische Bestsellerautor Seth Godin – einer der führenden Experten auf dem Gebiet der Mundpropaganda – versprach den Erstbestellern seines Buches eine besondere Verpackung. Das Buch war verpackt in einer Schachtel, die aussah wie eine Verpackung für Müsli oder Knusperpops – Frühstückscerealien wie es auf neudeutsch heißt. Allerdings kam diese Art der Verpackung nicht überraschend. Das besondere war eher, dass diese Sonderverpackung limitiert war auf die Erstbesteller. Ich kann zwar nicht behaupten, dass ich Buchverpackungen sammle – aber diese Box habe ich bisher noch nicht weggeworfen.

Frische Blumen als Verpackungsmaterial. Die New Yorker Parfümerie Aedes de Venustas ist sich sicher, dass ihr herausragender Erfolg in der amerikanischen High Society vor allem einer Idee zu verdanken ist: die Flakons werden mithilfe von frischen Blumen zum Geschenk verpackt. Ein sinnliches und passendes Zusammenspiel von gekauftem Produkt und den natürlichen Rohstofflieferanten der Düfte. Nebenbei macht ein Laden mit frischen Blumen weit mehr Lust aufs Kaufen als die sterile Duftpräsentation, die in Deutschland einem Mittelding zwischen Apothekensterilität und Juweliersatmosphäre bildet.

Lesefutter statt nur Logos. Eine wachsende Zahl von Biobäckereien, Naturkostläden und Reformhäusern in Deutschland verteilen jetzt Brötchentüten mit literarischen Texten darauf. Unterstützt werden sie dabei vom Verlag „Lesefutter", der die Autoren für diese Texte nach verlagsüblichen Qualitätskriterien auswählt. Die Liaison Kultur und Wirtschaft hat dabei dem Verlag jede Menge Mundpropaganda und zahllose Medienberichte beschert – und auch die Läden, die das Lesefutter einsetzen, bringen sich auf diese Weise positiv ins Gespräch. Über eine Million Tüten mit Texten von 27 verschiedenen Autoren wurden im ersten Geschäftsjahr verteilt.

Vier Ideen, um Verpackungen ins Gespräch zu bringen:
- Machen Sie die Verpackung verschenkbar!
- Machen Sie die Verpackung zum Sammelobjekt!
- Machen Sie Spiele und Rätsel auf die Verpackung!
- Machen Sie die Verpackung zum Gutschein oder Los!

Kingsize-Größen/XXL-Größen

Die Abgabemenge/Verpackungsgröße ist ebenfalls eine Möglichkeit, das nötige Aufsehen zu erregen. Auch hier gilt es, Branchenübliches hinter sich zu lassen und damit aufzufallen.

Für viele ausländische Gäste ist die so genannte „Maß", der Liter Bier, der auf dem Oktoberfest und in den traditionellen Wirtshäusern Bayerns ausgeschenkt wird, ein Anlass, darüber zu berichten. Wer das erste Mal in seinem Leben eine Maß getrunken hat, weiß davon einiges zu berichten. Allein das Gewicht des vollen Kruges gehört zu den unvergesslichen Erlebnissen. Vielleicht auch der Rausch danach.

Der Tee in der Kilopackung. Der Berliner Wirtschaftsprofessor Günter Faltin machte sein aus „Übungs- und Demonstrationszwecken" gegründetes Unternehmen „Die Teekampagne" zu einem Riesenerfolg. Unter anderem, weil er die bis dahin in der Branche vorherrschenden Packungsgrößen ignorierte und stattdessen eine wesentlich größere Verpackung anbot. Worum geht es? Um Tee! Seine Überlegung: Wenn er anstatt der üblichen 125-Gramm- oder 250-Gramm-Einheiten wie sie der Teehandel verwendet, die Kunden dazu bringen könnte, gleich ein ganzes Kilo Tee zu kaufen, dann könnte er immense Preisvorteile beim Einkauf erzielen und diese an die Kunden weitergeben. In die Kilo-Packung füllt er die beste Teequalität, die es nach Meinung von Teetrinkern gibt: einen Darjeeling First Flush Finest Tippy Golden Flower Orange Pekoe. Mittlerweile ist er Deutschlands größter Darjeeling-Importeur. Teekenner waren von dem Kingsize-Angebot zum unschlagbaren Preis so begeistert, dass sich das Unternehmen ausschließlich durch Mundpropaganda und positive Medienberichte zum Erfolg entwickelte.

Die King-Size Gurke. Die Firma Spreewaldhof hat eine neue Portionierung und Verpackung für ihre Gurken entwickelt. Als Alternative zu den Gurken im Glas, wird nun eine handverlesene stattliche Gurke in einer Aludose verpackt und an Tankstellen, Supermärkten, Diskos und Sportstudios verkauft, für 1,50 bis 2,20 Euro. „Get one", heißt der als kalorienarm gepriesene Snack. Eine Gewürzgurke, die exakt 12,5 cm lang und 3,5 cm dick ist.

Bemerkenswerte Produktkennzeichnung

Warenetiketten sind ein hervorragendes Medium alle Kunden zu erreichen. Was darauf steht, wird mit hoher Wahrscheinlichkeit gelesen. Ein tolles Medium, um Wichtiges mitzuteilen, etwa den Kunden im Kauf zu bestätigen, auf die Website einzuladen, an einer Promotion teilnehmen zu lassen oder eben Mundpropaganda anzuregen.

Brisante Waschanleitung. Ein kleines Etikett, wie es als Waschanleitung dient, hat die Taschen der US-Firma Tom Bihn zum Verkaufsschlager gemacht. Im Inneren der Taschen des Herstellers ist ein Etikett mit Pflegehinweisen eingenäht. Aber neben den üblichen Piktogrammen und Waschhinweisen enthält es den Satz auf Französisch: „Es tut uns leid, dass unser Präsident ein Idiot ist. Wir haben ihn nicht gewählt." Für die Nachwelt muss festgehalten werden: Damals war ein gewisser George W. Bush im Amt. Als ein Kunde das Label fotografiert und ins Internet gestellt hat, haben sich die Verkaufszahlen der ungewöhnlich etikettierten Taschen verdoppelt. (Beispiel aus Bernd Röthlingshöfer, Marketeasing)

Bemerkenswerte Produktentwicklung

Dem Fiat Konzern gelang es, bereits während der Entstehungsgeschichte eines neuen Automodells Mundpropaganda auszulösen. Wie das? Indem er Autofans zum Mitentwickeln des neuen Fiat 500 Cinquecento aufforderte. Eine Website sammelte alle eingehenden Ideen – die Resonanz war sensationell:

„Eigentlich ist die Integration der Öffentlichkeit nichts Neues", sagt Luca De Meo und verweist auf Internet-Projekte wie Wikipedia oder die Kollektiv-Software Linux. „Doch die Automobilhersteller haben bislang eher diktatorisch gearbeitet", gibt der Fiat-Präsident zu. „Das ist das Auto, von dem wir glauben, dass ihr es toll findet", habe die Maxime bis dato gelautet.

„Allein in den ersten 50 Tagen haben die Italiener mehr als 500 000 Zugänge gezählt, nach wenigen Monaten waren es zehn Millionen Klicks, fast 400 Menschen haben ein Foto zu den ‚500 Faces' auf die Website gestellt, und mehr als 170 000 Entwürfe zeigen, wie sich die Fans den neuen Cinquecento vorstellen."

„Nach mehr als 20 000 Zuschriften wissen wir jetzt auch, welche Form sich die Kunden für den Auspuff wünschen, dass beinahe jeder Zweite eine kleine italienische Flagge unter dem Außenspiegel haben möchte, und dass viele Kunden Wert auf verchromte Stoßfänger legen werden."

„Außerdem haben die Surfer ein Maskottchen und rund 1 000 Accessoires gestaltet. Und warum sollten sie uns nicht auch sagen, welche Werbung sie sich für den neuen Fiat 500 wünschen?"

„Während über den Ford Ka noch niemand spricht, ist der Fiat 500 schon heute in aller Munde," freute sich ein Fiat-Manager. (Alle Zitate aus Spiegel Online, http://www.spiegel.de/auto/aktuell/0,1518,454606,00.html, downgeloadet am 10.5.2007, 15:58 Uhr)

Bemerkenswerte Werbung

Natürlich kann auch Werbung dazu beitragen Bemerkenswertes zu schaffen. Dabei meinen wir weniger Maßnahmen, die durch Tabuverletzungen unsere Aufmerksamkeit erregen sollen – wie etwa den nackten Mann, der bei Fußballweltmeisterschaften oder Olympischen Spielen als Werbeträger für ein amerikanisches Online-Casino über den Platz flitzt und sich vor einem Millionenpublikum binnen Sekunden wieder einfangen lässt. Es sind einzelne Werbemaßnahmen oder Werbemittel, die sich ins Gespräch bringen können. Und mit der so genannten viralen Werbung versuchen die Macher ja gerade, Werbung zu produzieren, über die man spricht.

Beim Namen fängt es an

Schon allein die Namensgebung Ihres Unternehmens kann dazu beitragen, Sie bemerkenswert zu machen. Dummerweise überlässt man die Namensgebung für große Marken heute einem gemischten Team aus Juristen, Werbetextern und einer Software. Heraus kommen dann Namen wie O_2, BenQ oder der Hundertste Versuch, an einen Unternehmensnamen die Zahl 24 anzuhängen.

Es braucht einen gewissen Mut, einem neu eröffneten Parfumladen in New York einen lateinischen, schier unaussprechlichen Namen wie Aedes de Venustas zu geben. Aber die beiden deutschstämmigen Gründer Robert Gerstner und Karl Bradl hatten diesen Mut. Sie sehen in dieser Namensgebung eine Grundlage ihres Erfolgs – auch, nein gerade, weil es anfangs immer hieß: „Es gibt da so einen neuen Laden mit einem unaussprechlichen Namen."

Schatz, die Billys sind noch nicht verpackt! Haben Sie sich schon mal gewundert, wieso die Produkte bei Ikea so komische Namen haben? Dieses scheinbar sture Festhalten an schwedischen Namensgebungen, die in deutschen Ohren manchmal saukomisch, manchmal völlig deplatziert wirken, ist einer der Tricks, mit denen sich Ikea von anderen Möbelhäusern abhebt. Und es ist immer wieder Anlass für Geschichten, die es bis in die Medien bringen. Allein die Frage wie die Möbel zu ihren Namen kommen, war Anlass für einige Spekulationen:

„Böse Zungen witzeln, dass regelmäßig irgendwo in Schweden ein kleines Team von Designern mit etlichen Kanistern Schwarzgebranntem eingesperrt wird und erst wieder raus darf, wenn ihnen genug wirre Namen eingefallen sind. Eine andere Vermutung besagt, dass ein ausgefuchstes Linguistenteam die schrägsten Ergebnisse seiner nächtelangen Scrabble-Runden für teures Geld verschachert." (Quelle: http://www.stern.de/wirtschaft/unternehmen/506948.html?eid=504885 downgeloadet am 10.5.2007, 16:00 Uhr)

Auf der IKEA Website lässt sich zu diesem Thema einiges nachlesen:

„IKEA Möbel haben einfach eine ganz persönliche Note. Das mag einer der Gründe sein, warum die IKEA Möbel in schwedischen Kleinanzeigen oft nur noch anhand ihrer Namen identifiziert werden: „Klippan zu verkaufen". Wer oder was „Klippan" ist, muss den Kunden im Geburtsland von IKEA nicht mehr näher erklärt werden. Einige Produktnamen sind auch in Deutschland mittlerweile in den allgemeinen Sprachgebrauch übergegangen. So hört man bei Umzügen oft „Die Billys sind noch nicht verpackt" anstatt: „Pack mal die Bücherregale zusammen." (Quelle: http://www.ikea.com/ms/de_DE/about_ikea/press_room/press_release/national/namensgebung.html, downgeloadet am 6.4.2007, 13:53 Uhr)

Trigema. Wirksam durch Regelbruch

„Ein Schimpanse in weißem Hemd sitzt vor einem Schreibtisch. Die Darstellung erinnert an einen Nachrichtensprecher. Er sagt:

‚Hallo Fans! Trigema ist Deutschlands größter T-Shirt und Tennis-Bekleidungs-Hersteller. Trigema produziert mit über 1 200 Mitarbeitern nur in Deutschland. Was sagt der Inhaber Herr Grupp dazu?' Es folgt ein Schnitt.

Im Hintergrund ist nun eine Reihe von Personen, die meisten sind Frauen, bei der Herstellung von Hemden zu sehen. Im Vordergrund steht ein Mann mittleren Alters. Er hat dunkle Haare und trägt einen Anzug. Offensichtlich handelt es sich um den eben angekündigten Inhaber von Trigema. Er geht einige Schritte und sagt dabei an die Zuschauer gerichtet: ‚Wir werden auch in Zukunft nur in Deutschland produzieren und unsere 1 200 Arbeitsplätze sichern.' Dabei hebt er den rechten Arm und weist auf die Arbeitsplätze im Hintergrund.

Die Szene wechselt erneut und der Schimpanse aus der Anfangsszene ist wieder zu sehen.

Er sagt nun: ‚Ich kaufe nur TRIGEMA Produkte und sichere diese Arbeitsplätze.'" (Zitat aus http://www.ciao.de/Trigema_Werbespot_Schimpanse_Test_3020774, downgeloadet am 11.3.2007, 11:24 Uhr)

Für Profis ist dieser Werbespot ein absoluter Graus. Simple Kameraeinstellung, harter einfacher Schnitt - das kann jeder ambitionierte Hobbyfilmer besser. Der ungelenke Inhaber mit der steifen Gestik tritt auf, als wäre er bisher zielsicher an jedem Rhetorik- und Präsentationsseminar vorbeigekommen. Einzig der Einsatz des Affen ist gekonnt - Affen sind unheimlich starke Sympathieträger und wecken die Aufmerksamkeit. Tatsächlich ist der Spot mit bescheidensten Mitteln produziert worden. Aber gerade diese Einfachheit, der Bruch aller Regeln, macht den Spot zu etwas Einzigartigem. Und für viele wird er durch diese unbeholfene, billig wirkende Art erst authentisch. Da macht sich niemand Gedanken um eine Inszenierung, da wird keine künstlich überteuerte Markenwelt geschaffen. Stattdessen wird ein politisches Statement abgegeben - „Ich sichere Arbeitsplätze in Deutschland" -, das in einer Zeit von Millionen Arbeitslosen auf eine große Fangemeinde stößt.

Von Picasso ist der Satz überliefert, dass er seiner Geliebten nur die hässlichsten Blumen schenken würde. Die hässlichsten bleiben schließlich unvergesslich, aber die schönen vergisst sie schnell.

Die neun wirksamsten Methoden, Mundpropaganda anzuregen

Die nachfolgenden Methoden haben sich als äußerst wirksam erweisen, die Mundpropaganda rund um Ihr Unternehmen zu aktivieren. Das sind sie:

- Exklusivität
- Überraschung
- Nützlichkeit
- Humor

- Guter Zweck
- Timing
- Einbeziehung
- Machbarkeit
- Ausprobieren

(1) Exklusivität

Ob es Kleinauflagen sind, Angebote, die nur für eine kurze Zeit gelten oder Angebote, die nicht jedem zugänglich sind: es gibt zahlreiche Möglichkeiten, Produkte und Dienstleistungen zu limitieren. Erstaunlicherweise führt eine Limitierung häufig zu einer verstärkten Nachfrage und dem Effekt, dass sich Nachrichten über limitierte Angebote durch Mundpropaganda von selbst verbreiten.

Exklusiver Zugang

Der Berliner Rodeo Club macht aus der Exklusivität ein Programm. Er ist in der Kuppel des historischen Postfuhramtes an der Oranienburger Straße gelegen und verzichtet auf jede Werbung und jeden Hinweis. Kein Schild, keine Leuchtreklame. Der Eingang befindet sich auf der schlecht beleuchteten Rückseite in der Auguststraße. Aber selbst wer den gefunden hat, kommt nicht unbedingt hinein: Ein Türsteher sortiert gnadenlos aus. Jeden Freitag und Sonnabend steigt dort eine illustre Party. Zuerst wird gespeist, wobei es jedoch nur ein Menü gibt. Im Anschluss steigt die Party: für Werber, Banker, Medienleute und Prominente.

Dass bei Diskotheken Türsteher sortieren, wer hinein darf und wer nicht, ist eine uralte Sache. Nur allzu gut wissen wir, dass die Diskotheken, zu denen wir in einem bestimmten Jugendalter (noch) keinen Zutritt erhielten, die attraktivsten waren. Vor allem über diese tauschten wir uns am intensivsten aus.

Was bei Diskotheken funktioniert, lässt sich bei vielen anderen Unternehmen ebenso anwenden.

Betaphase – Zutritt nur für Eingeladene

Zumindest bei Software, Webservice-Angeboten oder Websites ist es heutzutage Standard, der eigentlichen Produkteinführung eine Betaphase voranzustellen. Über diese, oft mehrere Monate, oder im Falle von manchen Google und Amazon Services auch mal Jahre dauernden Betaphasen, läuft die Werbe- und Öffentlichkeitsarbeit ausschließlich über Mundpropaganda. Die Einführung dieser Dienste erfolgt über das gezielte Aussenden von Informationen an einige eingeladenen Betatester, die wiederum Einladungen zum Test aussprechen dürfen. Wie revolutionär wäre es denn, dieses Prinzip mal auf Autoprobefahrten oder Eröffnungspartys neuer Restaurants und Shops anzuwenden?

Erfolgsbeispiel aus Frankreich: Vente privée. In Frankreich gibt es eine Reihe von Websites, die Restposten ausschließlich an ein vorher registriertes Publikum verkaufen. Privatverkauf – Vente privée – nennt sich diese Online-Shop-Idee, nach dem Vorbild der ersten Website dieser Art: www.vente-privee.com.

Die Exklusivität der Information, was zu welchem Preis verkauft wird, die nur registrierten Mitgliedern zur Verfügung steht, macht das Ganze offenbar sehr anziehend. Das Unternehmen ist allein durch Mundpropaganda gewachsen – neue Mitglieder können nur auf Empfehlung bereits bestehender dazukommen, die Veröffentlichung der Angebote ist laut der allgemeinen Geschäftsbedingungen untersagt. In denen heißt es:

„... Zur Wahrung der Exklusivität dürfen andere Personen außer Freunde oder Angehörige des Mitglieds nicht für vente-privee.com angeworben werden. Insbesondere ist es dem Mitglied untersagt, durch öffentliche Äußerungen oder in frei zugänglichen Medien für die Mitgliedschaft bei vente-privee.com zu werben.

... Dem Mitglied ist es weiterhin untersagt, Katalogauszüge von vente-privee.com zu vervielfältigen oder die Namen von Partner-Marken der vente-privee.com im Zusammenhang mit vente-privee.com öffentlich oder in frei zugänglichen Medien zu nennen."

Das kommt in Frankreich riesig an – und beweist, dass Mundpropaganda ein funktionierendes Werbe- und Vertriebsmodell ist: 74 % der Mitglieder haben Mundpropaganda für das Unternehmen und sein Angebot gemacht. Inzwischen gibt es Vente privée auch in Deutschland.

Aber auch im Offline-Business ist das Modell, neue Kunden nur auf Einladung bestehender zu gewinnen, mit Erfolg anzuwenden. Rotarier oder Golfclubs – viele Gemeinschaften wenden dieses Prinzip an, um möglichst gut zueinander passende Mitglieder vereinen zu können. Man will, dass Neulinge auch zu bestehenden Mitgliedern passen. Das kann man am besten sicherstellen, indem die Selektion der Neuen durch bestehende Mitglieder vorgenommen wird.

Es dürfte nicht allzu sehr verwundern, dass dieses Prinzip im Bereich von Swingerclubs besonders gültig ist. Natürlich haben Menschen, die auf Veranstaltungen gehen, um vor und mit anderen Sex zu haben, gewisse Wunschvorstellungen von dem Publikum und den möglichen Sexualpartnern, die sie dort erwarten. Was liegt also näher, als sie bei der Auswahl der Gäste mitbestimmen zu lassen?

Nackt-Auslese. Die Schweizer Firma Castleevents veranstaltet mehrmals jährlich in Europa in verschiedenen Schlössern ihre Events – exklusive Partys für Menschen, die sich sinnlichen Vergnügungen aller Art hingeben wollen. Wer daran teilnehmen will, muss zumindest eine Hürde nehmen – er muss ein Foto von sich einsenden und wird dann Schnupper-Mitglied. „Um Schnupper-Mitglied zu werden, brauchen wir ein Foto von Ihnen, welches geheim bleibt und nicht an Dritte weitergegeben wird. Ein Foto ist deshalb Bedingung, weil wir nur so gewährleisten können, dass alle Partyteilnehmer den Mindestanforderungen von Ästhetik entsprechen." Erst nach Überwinden einer weiteren Hürde winkt dann die Vollmitgliedschaft: „Als Mitglied können Sie all inklusive an allen Partys teilnehmen und bestimmen mit, wer als Mitglied aufgenommen werden soll und wer nicht. Dies geschieht über ein spezielles Votingsystem, wo Frauen über die Aufnahme der Männer entscheiden und umgekehrt. Als Mitglied haben Sie die Möglichkeit, Freunde oder Bekannte als ‚Schnupper-Mitglieder' zu empfehlen. Wir machen das einerseits als Goodwill für unsere Mitglieder und andererseits als Maßnahme zur natürlichen Qualitätskontrolle: Bestehende Mitglieder haben schließlich selbst ein Interesse daran, dass nur Menschen an unsere Partys kommen, welche die hohen Voraussetzungen an Niveau, Ästhetik und Anstand erfüllen, die bei Castleevents Bedingung sind." (Zitate Website http://www.castleevents.com, downgeloadet am 8.1.2007, 12:18 Uhr). Bei Castleevents wählen also nur bestehende Kunden neue Kunden aus.

Exklusivität durch Verknappung

Was ist besser? Ein Film, der mit 200 Kopien in 200 Kinos startet, die nur zur Hälfte gebucht sind? Oder ein Film, der mit nur 50 Kopien in 50 Kinos startet und immer ausverkauft ist? Von Seiten des Mundpropaganda-Marketings muss man sagen – Ersteres erzeugt schlechte Nachrichten. Der Film läuft nicht, die Leute interessieren sich nicht dafür. Die zweite Variante macht ihn womöglich zur Sensation: Immer ausverkauft. Du musst dich frühzeitig um Karten bemühen. Kommt total gut an.

Mittlerweile dürften zahlreiche Filmverleiher mit diesem Trick „Exklusivität durch bewusste Verknappung" arbeiten. Bei dem spektakulären Filmerfolg des *Blair Witch Projects*, der mittlerweile zu den bestuntersuchten Kampagnen gehört, war diese Verknappungsstrategie offensichtlich erfolgreich am Wirken. Der Film startete zu Beginn nur auf einigen Festivals, im Folgejahr dann mit wenigen Kopien. Die Filmverleiher reagierten also auf den Nachfragedruck anstatt einen Angebotsdruck zu schaffen.

Pop-up-Stores: Verknappung durch kurze Angebotsdauer

Das teure Fashion Label Comme des Garçons gehörte zu den ersten Unternehmen weltweit, die einen Pop-up-Store eröffneten. Pop-up-Store, das heißt, ein solcher Laden ist nur für kurze Zeit geöffnet. Dann schließt er wieder. Comme des Garçons eröffneten einen solchen Laden in Berlin Mitte nur für die Dauer eines Jahres. Den so genannten Guerilla Store +49 30. Alles sah sehr provisorisch aus: Die Räume einer ehemaligen Buchhandlung wurden für die Warenpräsentation kaum verändert. Die wenigen Möbel, die zur Inneneinrichtung benötigt wurden, hat man bei Trödelmärkten erstanden und nach dem Zufallsprinzip ausgewählt. Einziges ästhetisches Zugeständnis: Die Möbel wurden mit einem einheitlichen Autolack überzogen.

Das funktionierende Werbekonzept basierte nahezu vollständig auf Mund-zu-Mund-Propaganda. Lediglich zur Eröffnung wurden 600 Plakate in Berlin geklebt. Inzwischen wird das Prinzip dieser Pop-up-Stores weltweit von Szenemarken kopiert. Dabei ist die Idee der zeitlichen Limitierung ein Erfolgsrezept, das auf viele Branchen übertragbar ist.

Exklusivität durch Customizing/Individualisierung

Produkte, die sich individualisieren lassen, haben eine weitaus höhere Chance, Begeisterung zu wecken und Gespräche auszulösen. Der oft beschriebene Erfolg von Harley Davidson beginnt schon damit, dass es jedem Kunden ermöglicht wird, seine Produkte aus vielerlei Auswahl- und Konfigurationsmöglichkeiten so zusammenzustellen, dass es kein Massenprodukt mehr darstellt, sondern als Produkt empfunden wird, dass den Stempel der Individualität trägt und die Persönlichkeit des Fahrers ausdrückt.

Viele Erfolgsprodukte weisen diesen Grad der Individualisierbarkeit auf: Sie ermöglichen es, es sich zu Eigen zu machen. Oftmals werden diese Individualisierungspakete allerdings nicht von den Herstellern selbst, sondern von der Zubehörindustrie angeboten. Das Milliardengeschäft mit austauschbaren Handygehäusen, lustigen individuellen Bildschirmschonern oder Logos und vor allem mit den Klingeltönen machen andere. Nicht viel anders sieht es auf dem Tuning-Markt aus. Gerade die Automobilindustrie unterstützt das Bemühen, sich sein Auto so individuell wie möglich zu gestalten überhaupt nicht – umso mehr blühen die Angebote der Tuning- und Veredler-Werkstätten und Händler.

So mutet der zaghafte Versuch von Porsche dem Auto durch Aufbringen eines frei gewählten Schriftzuges etwas Persönliches zu verleihen, fast ein bisschen rührend und hilflos an. „Name your Porsche" heißt das Programm, das die Autobauer im Herbst 2006 gestartet haben. Es ermöglicht immerhin anstelle der Typenbezeichnung den eigenen Vornamen, den der Freundin oder den der Segelyacht anzubringen. Der individuelle Text wird dann in den Schrifttypen der Modellbezeichnung gesetzt. Kostenpunkt für diese Individualisierungsmaßnahme 450 Dollar für fünf Buchstaben. http://www.nameyourporsche.com

Der selbstgemachte Teddybär. Geradezu perfekt hat der amerikanische Spielzeughersteller Build-A-Bear das Prinzip der Individualisierung zum Geschäftsprinzip auserkoren und gewinnt durch jede Menge Mundpropaganda begeisterte Kunden. In den eigenen Läden der Kette, die nicht Shops, sondern Workshops heißen, gibt es Teddybären und andere Kuscheltiere zu kaufen. Doch die Kunden „bauen" sich ihren Teddybär selbst zusammen. Erst sucht man sich ein Stofftier aus – einen Bären, Tiger, Hasen oder etwas anderes. Dann trägt man die leere Hülle zur Füllstation, wählt zwischen den verschiedenen Füllmischungen, die Liebe, Freundschaft oder Umarmungen und Küsse heißen. Jeder Bär bekommt ein Herz, das in ihm steckt.

Es ist mit einem individuellen Strichcode versehen. An einer anderen Station kann man dem Bär das Sprechen beibringen. Man lässt ihn „Happy Birthday" singen. Oder man nimmt einen eigenen Grußtext auf, den der Bär spricht. Nachdem der Bär gefüllt und ausgestattet ist, wird er angezogen. Mit T-Shirts, die einen Spruch tragen. Oder als Tennisspieler, Tänzerin oder Pirat. Man kann ihm Sneakers oder Wanderschuhe anziehen oder einen kleinen Geschenkbeutel in die Hand geben. Prima, um einen Verlobungsring zu überreichen. Der fertige Bär bekommt einen Namen und eine Geburtsurkunde, die gleich ausgedruckt wird. In einem Papphaus wird jeder Bär nach Hause getragen.

Die meisten Kunden des Shops sind Kinder, junge Mädchen im Alter bis 14 Jahren. Aber die Tatsache, dass Teddybären eben auch zu Hochzeiten, zum Valentinstag oder zu anderen besonderen Anlässen verschenkt werden, zeigt, dass die bärige Idee einen das ganze Leben begleiten kann. Jeder dieser registrierten Bären ist übrigens in einer Datenbank beim Unternehmen eingetragen. Verlorene Bären können über das Internet gesucht und gefundene im nächsten Build-A-Bear Workshop abgegeben werden.

Dieses Konzept kommt an! Viele Bärenmütter kaufen das ganze Jahr bei Build-A-Bear ein, sie bestellen Accessoires und neue Kleidung. Sie bauen neue Bären – angeblich baut der durchschnittliche Kunde von Build-A-Bear fünf Stofftiere pro Jahr. Für die Hauptzielgruppe der Kinder bietet Build-A-Bear Kinderpartys („Pfotenpartys") an – entweder man lässt sich bei der Partyplanung im Internet helfen oder man bucht gleich eine organisierte Party bei Build-A-Bear. Dann sind Entertainment, Betreuung, Eiscreme, Kuchen und Getränke inklusive. Es gibt vorgefertigte Einladungs- und Danksagungskarten, die die Kunden benutzen können. So können begeisterte Kunden andere anstecken!

Müsli-Mixer. Haben Sie immer schon davon geträumt, sich Ihre eigene Müslimischung zusammenstellen zu lassen? Vielleicht hätten Sie es nicht für möglich gehalten, aber es geht. Auf der Website von mymuesli.de kann jeder sein Müsli selber mixen lassen. Dabei kann man zu verschiedenen Basismixen etwa 70 Spezialzutaten addieren, darunter Gojibeeren, Macadamia-Nüsse oder Gummibärchen. Insgesamt sind damit 566 Billiarden verschiedene Müsli-Variationen möglich. Man kann seinem Müsli einen eigenen Namen geben. Jedes bestellte Müsli erhält eine Mix-ID, die wird auch mit auf das Etikett gedruckt. Damit ist es möglich, einen Mix immer wieder nachzubestellen. Außerdem kann man Mixe weiterempfehlen oder ins Blog einbinden. Die Mundpropaganda, die das Unternehmen allein aufgrund dieses Konzepts erhielt, bescherte ihm einen Traumstart. Innerhalb der ersten beiden Wochen verwiesen mehr als 150 Links auf die Website des Unternehmens und zeigten sich von der Möglichkeit des Müsli-Mixens begeistert. http://www.mymuesli.de

(2) Überraschung

Jeder Brillenträger kennt das Problem. Wer eine neue Brille sucht, der kann sich unter sehr vielen Modellen am Ende zwischen zwei nicht entscheiden. Nimmt man eher das praktische Modell, das zu allem passt oder ein etwas modischeres, das frecher aussieht, aber hin und wieder vielleicht nicht seriös genug wirkt?

Buchautorin, Bloggerin und Brillenträgerin Kathy Sierra war hin und her gerissen zwischen diesen beiden Varianten und entschied sich letztlich schweren Herzens für das praktischere Modell. Als sie die in Auftrag gegebene Brille abholen wollte, überraschte sie der Ladenbesitzer damit, dass er ihr beide Brillen überreichte. Er hatte, wie er sagte, mit seiner Frau über dieses Entscheidungsproblem gesprochen. Und beide waren der Meinung, dass sie einer langjährigen Stammkundin eine Freude machen sollten. Deshalb schenkten sie ihr das freche Modell.

Vergleichen Sie den Unterschied, den ein solch unerwartetes Geschenk gegenüber einer eventuell durch ein Prämienprogramm versprochenen Belohnung hat. Das unerwartete ist ein echtes Geschenk – ein Prämienguthaben dagegen ist ein Anspruch, der einfach eingelöst wird. Er erhöht weder die Kundenbindung, noch die Wahrscheinlichkeit, dass man darüber spricht. Oder haben Sie jemals gehört, dass jemand Ihnen erzählt hätte: Ich habe an dem Payback-Programm von Aral teilgenommen und mir einen Wasserball ausgesucht.

Google macht Geschenke – unglaublich

Voller Stolz werden die Geschenke in Blogs präsentiert, die Google seinen Werbekunden macht, die Werbung über das Ad-Sense-Programm gebucht haben. 2006 erhielten einige einen digitalen Fotorahmen mit einem etwa 4 Zoll bemessenen TFT-Bildschirm, mit einer Auflösung von 960 x 250 Pixeln, auf dem man Bildershows ablaufen lassen kann. Andere erhielten ein Lebkuchenhaus und wieder andere einen iPod. Aber auch wer sich beschwert, bekommt eine individuelle Überraschung:

„Google verschickt riesiges Geschenkpaket
Wuah! nicht schlecht!

Ein User hatte Probleme mit Googles Bezahlsystem Google Check-Out und bekam prompt eine Antwort, und das nicht in elektronischer Form. Statt einer Erklärungs- oder Entschuldigungs-E-Mail, bekam er ein riesiges Paket mit allen nur erdenklichen Google Goodies aus dem Store.

Darunter befanden sich Dinge wie T-Shirts, USB-Verteiler, eine Maus, ein Notizbuch, Google Bonbons, Tassen, Basecaps, ... und es nimmt kein Ende.

Fotos des beeindruckenden Pakets gibt es in Kirbs Blog – sehet, staunet und seid neidisch. Und verfasst Beschwerdemails an Google :-D Es ist übrigens nicht das erste Mal, das Google so etwas tut. Ein anderer User bekam vor ein paar Tagen Aspirin von Google ..." (Zitat aus: Google Watchblog, http://www.jmboard.com/gw/2006/07/27/google-verschickt-riesiges-geschenkepaket, downgeloadet am 6.1.2007, 12:58 Uhr)

Clemens lässt grüßen

Der Karlsruher Malermeister Deck nutzt den Überraschungseffekt, um seinen Kunden nach getaner Arbeit Danke zu sagen. Wenn er einen Auftrag zu Ende gebracht hat, verschenkt er einen kleinen Plüschbär. Aber nicht einfach, indem er ihn mit großer Geste überreicht. Nein, er versteckt ihn! Hinter dem Sofa, hinterm Vorhang oder im Bücherregal. Manchmal wird der Teddy erst Tage später gefunden – und steht für die Auftraggeber in gar keinem Zusammenhang mehr mit der Renovierung. Umso größer das Erstaunen. Lesen Sie, was auf dem Rücken des Teddys steht: „Einen schönen guten Tag. Ich bin Clemens von Malerdeck und möchte mich bei Ihnen für die gute Zusammenarbeit bedanken. Es hat uns großen Spaß gemacht, Ihre Umgebung ein bisschen farbiger zu gestalten. Bei Ihnen gefällt es mir jetzt so gut, ich bleibe da.

Eine Bitte hab ich zum Schluss: Empfehlen Sie uns weiter! Danke. Ihr bärig Opti-Maler-Partner Clemens."

Überraschungsmenüs für Wirt und Gast

„Als Barbara Schreiner Anfang 2006 in Mieders im Tiroler Stubaital das Restaurant Gletscherblick übernahm, wurde sie von vielen belächelt. In einem von Hotels und Restaurants übervölkertem Tourismus-Tal einen Gastgewerbe-Betrieb zu führen, der noch dazu den Nachteil hat, nicht direkt an einer Skipiste zu liegen, birgt zugegebenermaßen ein gewisses Risiko.

Die innovative Wirtin hat es dennoch geschafft, innerhalb kürzester Zeit für Furore zu sorgen und ihr Restaurant, sowohl unter Einheimischen als auch bei Touristen, bekannt zu machen. Ein Baustein dazu war auch ihre Interpretation des Begriffs eines Überraschungsmenüs: „Jetzt drehen wir den Spieß um! Überraschen Sie uns! Besuchen Sie uns, lassen Sie sich von unseren Küchenprofis ein mehrgängiges Überraschungsmenü zusammenstellen und überraschen Sie unser Sparschwein, indem Sie es angemessen füttern."

Bevor die Wirtin Kunde für Kunde individuell entscheidet was serviert wird, entgeht niemand ihrem streng prüfenden Blick. Die meisten Kreationen stehen auf keiner Speisekarte. Das Menü ist eine Symbiose aus Menschenkenntnis, Witz, Kreativität und Kochkunst – das Repertoire reicht von Tiroler Schmankerln bis hin zu haubenverdächtigen Leckerbissen.

Restaurant Gletscherblick, Stubaital-Überraschungsmenü: Entweder es schmeckt oder gratis. Das Beste kommt zum Schluss: Der gekonnt inszenierte Auftritt des Sparschweins!

Nie mehr böse Überraschungen bei der Rechnung erleben! Einzig und allein der Gast bestimmt den Preis des Menüs und wirft garantiert keinen Cent zu viel in das Sparschwein. So verlassen nur begeisterte Kunden/Fans das Lokal, denn bezahlt wurde nicht irgendein Preis, sondern der subjektiv empfundene Wert! Ein Risiko für die Wirtin?

‚Niemand glaubte uns, dass so etwas in Tirol funktioniert und dass sich unser Überraschungsmenü rechnen würde,' erinnert sich Barbara. ‚Aber die Gäste sind nicht nur fair, sondern überaus großzügig. Manche bezahlen Preise, die hätte ich mich niemals in die Karte zu schreiben getraut.'

Was sie dabei selber vergisst: Die meisten Kreationen wären dort ohnehin nicht vorgekommen. Ob die Großzügigkeit auch am Service und Charme liegen mag?" (Zitat aus Hannes Treichl, Anders denken Blog http://www.hannestreichl.com/index.php/restaurant_gletscherblick_stubaital/, downgeloadet am 11.3.2007, 12:11 Uhr)

Easter Eggs und andere Überraschungen

In Medienprodukten wie Software, DVDs, Kino- oder TV-Filmen, Audio-CDs oder Websites sind häufig Easter Eggs, so genannte Ostereier, versteckt. Das sind Gags, Überraschungsmomente oder Funktionen, die der normale Nutzer übersieht. Natürlich weist kein Hersteller auf diese versteckten Gags oder Zusatzfunktionen hin.

Das Interessante ist, die Ostereier selbst zu entdecken – oft bleibt das Leuten vorbehalten, die sich mit den Produkten besonders intensiv beschäftigen und diese Ostereier dann zufällig finden. Schon bei uralten Excel- oder Word-Versionen gab es solche Easter Eggs. So konnte man in Word 97 ein Flipperspiel aufrufen. Und das musste man dafür tun: In ein leeres Dokument das Wort „Blue" (ohne Anführungszeichen) eingeben und markieren. Im Menü „Format/Zeichen" die Schrift „Fett" setzen und die Farbe „Blau" auswählen und bestätigen. Mit der Pfeiltaste nach rechts die Markierung wieder auflösen. Nun geben Sie ein Anführungszeichen, ein Leerzeichen wieder ein Anführungszeichen und noch ein Leerzeichen ein. Gehen Sie anschließend auf das „?" in der Menüleiste und dann auf „Info", kann das Word-Logo in der linken oberen Ecke angeklickt werden, um den Flipper zu starten. Mit den Tasten „M" und „Z" lässt sich der Flipper bedienen. Anleitungen wie diese machen vor allem über Mundpropaganda im Netz die Runde.

Cameo-Auftritte. In vielen Filmen treten Regisseure, Drehbuchautoren oder Prominente in kurzen Statistenrollen auf. Für einen normalen Betrachter geschieht dies häufig recht unbemerkt. Diese Art des kurzen Auftretens machte den Krimiregisseur Sir Alfred Hitchcock bekannt. Er tauchte in seinen eigenen Filmen in einer äußerst kurzen Sequenz auf – als Beobachter einer Szene, Passant etc. Meist dann, wenn auch die erste Leiche im Film gefunden wurde.

Bonus-Tracks. Auf vielen Audio-CDs finden sich Titel, die nicht im Titelverzeichnis angegeben sind. Also statt angegebener zwölf Titel, startet am Ende der CD ein weiteres Stück. Fanclubs entdecken so etwas ganz schnell und geben die Info dann weiter.

Cheats. Durch nicht im Spielehandbuch elektronischer Spiele erläuterte Tastenkombinationen, können sich neue Spiellevel öffnen oder Spielfiguren mit magischen Kräften ausgestattet werden. Informationen über Cheats erhält man über Mundpropaganda in Spielerforen, oft auch in speziellen Spielezeitschriften. Vor allem das jüngere, spielerfahrene Publikum dürfte seinen Spaß an Cheat-Funktionen auch bei anderen Produkten haben – denkbar sind Anwendungen bei Automobilen oder elektronischen Produkten aller Art.

Manchmal können allerdings auch im Handbuch nicht erwähnte Tastenkombinationen als vermeintliche Cheats die Runde machen. So berichteten amerikanische Weblogs über eine Cheat-Funktion im BMW M3. Der Cheat war offenbar in der Software fürs Schaltgetriebe versteckt. Eine bestimmte Tastenkombination sollte den Wagen angeblich in einem Turboeffekt von null auf 5 000 Umdrehungen beschleunigen. Das stimmte tatsächlich. Allerdings war dies nicht bewusst geheim gehalten. Als Launch Control ist dieses Manöver in jedem deutschen M3-Handbuch beschrieben – im amerikanischen Drivers Manual allerdings fehlt der Hinweis darauf.

Ostereier zu entdecken, macht einfach Spaß und das Wissen über sie weiterzugeben, ist den Eingeweihten ebenfalls eine Freude. Deshalb regen diese kleinen Elemente auch die Mundpropaganda an.

(3) Nützlichkeit

Aus eigener Erfahrung kann ich sagen – sobald etwas nützlich ist, wird es Tausend- oder gar Hunderttausendfach in Anspruch genommen. Mein kostenloses E-Book „Wer macht eigentlich … Werbung für kleine Budgets?" ist dafür ein gutes Beispiel. In diesem Buch stelle ich die Adressen von Unternehmen zusammen, die für Auftraggeber mit kleinen Werbebudgets Dienstleistungen erbringen. Also die Adressen von Werbegrafikern, Agenturen, Textern, Online-Marketingexperten und anderen. Garniert ist es mit einigen Tipps zur preisbewussten Werbung. Mehr als 350 000 Mal wurde dieses Büchlein in mittlerweile drei aktualisierten Auflagen innerhalb der letzten drei Jahre von meiner Website heruntergeladen.

Die Augsburger Textakademie hat eine Visitenkarte für sich entwickelt, die eine extrem nützliche Rückseite enthält. Die Code-Card. Diese Code-Card dient dazu, sich PIN-Codes sicher und zuverlässig zu merken. Kann jeder gebrauchen! Beinah unglaublich: Die Nachfrage nach diesem kleinen Stück Karton ist so groß, dass monatlich rund 5000 Stück davon verteilt werden. Natürlich ist diese geniale Idee der Code-Card auch patentrechtlich geschützt. http://www.textakademie.de

(4) Humor

Humor hilft. Aus demselben Grund wie man sich Witze erzählt, gibt man auch Hinweise auf lustige Filme, Bücher, Bilder oder Ereignisse weiter. Darin steckt für alle Beteiligten etwas höchst Emotionales - Spaß zu haben und lachen zu können. Deshalb wird Humor als Stilmittel natürlich sehr häufig eingesetzt. Allerdings ist es eine Waffe, deren Umgang schwierig ist - zwischen saukomisch und einfach nur doof ist ein ganz schmaler Grat. Wer Humorkonzepte entwickelt und in Umlauf bringt, reitet daher stets auf der sprichwörtlich hauchdünnen Rasierklinge.

Schlämmer macht Führerschein. Anfang des Jahres 2007 startete Volkswagen eine Werbeaktion mit Hape Kerkeling. Dabei wurde die von Hape Kerkeling erfundene Figur des Grevenbroicher Lokalredakteurs Horst Schlämmer benutzt. Für Horst Schlämmer gab es eine Website und vor allem ein Video-Weblog, in dem er über die Erlebnisse beim Erwerb seines Führerscheins berichten wollte. „Ich mach jetzt Führerschein!" hieß das Weblog (http://www.schlaemmerblog.tv).

Anfangs war nicht ersichtlich, welchem Zweck das Ganze dienen sollte – war es eine Werbung und wenn ja, für was? Schnell wurde klar, dass es sich um einen Automobilhersteller handeln könnte. Aber um welchen? Nach ein paar Wochen des Bloggens tippten zahlreiche Beobachter auf eine Werbeaktion für den Golf von Volkswagen. Horst Schlämmer verriet den wahren Urheber der Aktion – Volkswagen bezahlt seinen Führerschein, meinte er dazu.

Bis zu diesem Zeitpunkt hatten mehr als 1,2 Millionen Menschen das Videoblog besucht und dort teils enthusiastische Kommentare abgegeben.

(5) Cause/Guter Zweck

Vor allem amerikanische Marketingprofis halten es für ein Erfolgskriterium, das automatisch Mundpropaganda auslöst – wenn der Kaufakt kein simpler Konsum ist, sondern man damit auch noch etwas für eine gerechte Sache oder einen guten Zweck tut.

Ein Paar zahlen, ein Paar spenden. Die Firma Toms Shoes wurde ein regelrechter Shoe-Ting-Star mit einem Verkaufskonzept, das einen guten Zweck beinhaltet. Bei den von der Firma angebotenen Schuhen handelt es sich um leichte Stoff-Slipper mit einer flachen Sohle – ähnlich Espadrillen. Die Botschaft von Toms Shoes könnte man verkürzt so wiedergeben: ein Paar zahlen, zwei Paar erhalten. Denn für jedes Paar Espadrillen, das man kauft, verspricht die Firma ein weiteres Paar an Kinder in Südafrika zu spenden. Mit 38 US-Dollar bekommt man also selbst neue Schuhe und spendet zugleich welche. http://www.tomsshoes.com

Transparente Jeans. Im Jahre 2000 gründete die niederländische Fair Trade Organisation Solidaridad eine eigene Jeansmarke namens Kuyichi. Die Idee: modische Jeans zu einem Fair-Trade-Produkt zu machen. Das bedeutet faire Preise für den Konsumenten, faire Konditionen für die Erzeuger in der Produktionskette, Produktion aus organischer Baumwolle. 15 % des Profits gehen an die Baumwollbauern in Indien, Peru oder Uganda – sie erhalten 30 % mehr als der marktübliche Preis. Die Jeans werden in Fabriken nach strengen Sozialstandards gefertigt. Seit kurzem macht Kuyichi die Herkunft jedes Kleidungsstückes transparent. In den Beipackzetteln der Kleidungsstücke finden die Kunden dazu den Hinweis: „Follow the trail of your clothes." Über Google Earth kann der Kunde dann den Produktionsstandort seiner Jeans sehen. Die Marke hat ein respektables Wachstum hingelegt. Ende des Jahres 2006 belieferte sie 650 Läden in 15 Ländern. http://www.kuyichi.com

(6) Timing

Bei der südafrikanischen Versicherungsgesellschaft Outsurance (http://www.outsurance.com) weiß man um das besondere Timing. Gerade im Schadensfall kann man bei den Kunden punkten und sich bei ihnen positiv ins Gespräch bringen. Ein Versicherungsschaden ist für die meisten Autobesitzer eine hochemotionale Sache, über die sie mit Verwandten, Freunden und Bekannten ohnehin oft mehrfach sprechen. Diesen Umstand nutzten sie mit einem Überraschungsgeschenk perfekt. (Sie kombinierten also den Verstärker „Timing" und den Verstärker „Überraschung".) So erhielt ein Kunde, der mit seiner alten Ente (Citroën 2 CV) von der Straße abkam und an einem Zaun landete, den Schaden bei Outsurance einreichte wenige Tage später einen kleinen Geländewagen (Spielzeugauto) mit folgender Karte von seiner Versicherungsgesellschaft:

„It's easier to go Bundu Bashing (local term for off-roading) with a 4×4 than a Citroen C2. Regards, Michelle."

(6) Einbeziehung

Möglicherweise ist die Einbeziehung der Kunden – oder anvisierten potenziellen Kunden – der beste Weg, um langfristig positive Mundpropaganda zu erhalten. Und die Einbeziehung der Umworbenen ist das Element, bei dem alle Marketingmaßnahmen gefragt sind und das die meisten Rückkopplungseffekte auf das gesamte Marketing hat. Einbeziehung kann in verschiedenen Intensitätsgraden stattfinden: Eine gute Idee ist es, wenn Sie Kunden an Ihrem Know-how teilhaben lassen und sie dabei schulen, wie sie Ihre Produkte besser nutzen können.

Sieh toll aus!-Studio. Im April 2007 eröffnete Procter & Gamble, der Kosmetik-/Waschmittel- und Food-Konzern ein Erlebniszentrum für seine Kunden in Toronto. Das so genannte „Look Fab Studio", auf Deutsch: „Sieh toll aus!-Studio", das als Pop-up-Store konzipiert ist. Professionelle Beauty-Experten beraten dort die Verbraucherinnen und offerieren ihnen kostenlose Make-ups und Stilberatung oder professionelle Analysen, auch für die Anwendung von Haartönungen und Pflegemitteln. Die Kundinnen, die kostenlos beraten werden, gehen mit Taschen voller Proben nach Hause. Procter & Gamble zog ein begeistertes Fazit des Experiments – der Laden entwickelte sich zu einem Publikumsmagnet und begeisterte viele Neukundinnen für die Pflegeprodukte. Gerade mal einen Monat wurde der Store geöffnet. So erfolgreich, dass die Idee vermutlich an anderer Stelle bald wiederholt wird. Denn die Kosten sind für den Waschmittelriesen zu vernachlässigen – für den Preis eines TV-Spots haben sie ihre Kundinnen wesentlich intensiver informieren und beraten können als durch jede andere Werbeform.

Ganz ähnliche Erfolgsmeldungen werden von dem Hamburger Nivea Haus verbreitet, in dem der Beiersdorf Konzern die Pflegeprodukte der Marke Nivea vorstellt und die Kundinnen und Kunden - gegen Bezahlung - damit verwöhnt.

Das Einbeziehen von Kunden kann mit einfachen Mitteln beginnen:

Know-how für Kaffeefans. Die Hamburger Speicherstadt Kaffeerösterei bietet Kaffeeliebhabern für EUR 13,– spezielle Kaffeeseminare an. Die Inhalte: Wie schmeckt der teuerste Kaffee der Welt? Was macht einen Kaffee zur Spezialität? Wie bereitet man Kaffee optimal zu? Wie bewahrt man Kaffee am besten zu Hause auf? Warum bekommt mir Espresso besser als ‚normaler' Kaffee?

Kräppel machen leicht gemacht. Der hessische Hinnerbäcker lädt regelmäßig in sein Backstudio ein. Dort zeigt er wie man Käsekuchen macht, gibt Kurse zur Dekoration von Hochzeitstorten oder verrät die Geheimnisse des Kräppel-Backens (Hochdeutsch: Krapfen oder Berliner).

Anti-Cellulitis-Creme testen. Die Münchner Agentur trnd (http://www.trdn.com) hat sich auf die Einbeziehung von Verbrauchern spezialisiert, indem sie sie zu Warentestern macht. Für die Einführung einer neuen Anti-Cellulitis-Creme „Good-bye Cellulite!" beauftragte Nivea die Agentur einen solchen Produkttest mit Verbraucherinnen durchzuführen. 1 200 Interessierte wurden dafür ausgewählt – sie erhielten ein Paket mit Proben und Informationsmaterialien für sich und zwei weitere Personen. In einem nichtöffentlichen Blog konnten sich die Teilnehmerinnen vorstellen und über ihre Erfahrungen berichten.

Open Source-Marketing – wenn der Kunde das ganze Marketing macht

Open Source, das ist ein Begriff, der mit der Historie des Betriebssystems Linux eng verknüpft ist. Linux-Gründer Linus Torvalds entwickelte 1991 ein Computerbetriebssystem als Alternative zu dem allmächtigen Microsoft Windows. Im Gegensatz zu den bisherigen Gepflogenheiten der Software-Branche veröffentlichte er ein Jahr später dann den Quellcode (Source Code) seiner Entwicklung und forderte Nutzer in aller Welt dazu auf, diesen Code zu verändern, um ihn zu verbessern und weiterzuentwickeln.

Mit der Offenlegung des Quellcodes kann nun jeder Nutzer sehen wie das System funktioniert und wenn er über die entsprechenden Programmierkenntnisse verfügt, das Produkt verändern. Open Source-Software ist streng genommen kein fertiges Produkt mehr - sondern eines, das kontinuierlich verbessert werden kann.

Auch die Erstellung des Online-Lexikons Wikipedia ist der Open Source-Idee zu verdanken - hier kann jeder Lexikoneinträge schreiben und damit Inhalt und Struktur des Lexikons bestimmen. Genauso können Nutzer einmal geschriebene Beiträge verbessern, Passagen streichen oder sogar ihre Streichung vorschlagen. So korrigieren alle an diesem Lexikon mit. Die Wikipedia-Einträge sind angeblich nicht fehlerhafter als die der ehrwürdigen Encyclopedia Britannica.

So offen geht es im Open Source-Marketing bei den wenigsten Projekten zu. Das Schlagwort vom Open Source-Marketing klingt zwar verlockend - meint aber in den seltensten Fällen eine völlige Offenlegung aller Marketingprozesse und eine volle Mitwirkung aller Beteiligten. Dennoch, im Open Source-Marketing geht es darum, den Kunden in wesentliche Marketingprozesse einzubeziehen. Das Beispiel Fiat habe ich bereits erwähnt - ganz geschickt luden die Autobauer Websurfer aus aller Welt dazu ein, an der Entwicklung des neuen Fiat 500 mitzuarbeiten. Aber letzten Endes verbleiben die Entscheidungen, welche Vor schläge akzeptiert werden natürlich bei ihnen. Auch wurden bei dem Projekt keine wesentlichen technischen Details und Konstruktionsmerkmale des Fiat 500 diskutierte - sondern die Mitwirkung beschränkte sich auf Design, Ausstattung und eben Werbe- und Marketingprozesse.

Bierbrauen als Gemeinschaftsbusiness. Dass es aber durchaus möglich ist, den gesamten Marketingprozess von der Produktentwicklung über Preisfindung und Vertrieb gemeinsam und offen zu gestalten, bewiesen bereits vor einigen Jahren ein paar australische Bier-Begeisterte, die über das Internet Benutzer aufforderten, mit ihnen gemeinsam eine eigene Biermarke (die dann den Namen Blowfly Beer erhielt) zu entwickeln. Dazu wurden alle Fragen, die mit der Herstellung, dem Marketing und dem Vertrieb zusammenhingen, auf der Website zur Diskussion und Abstimmung gestellt. Außerdem konnte, wer wollte, Anteilseigner der jungen Firma werden. Rund 1 000 Besucher der Website nahmen an dem gemeinsamen Marketing teil. Viele von ihnen trafen sich auch zu einem Geschmackstest, der als Riesen-Party veranstaltet wurde.

Beim Open Source-Marketing geht es also darum, wesentliche Marketingprozesse mit den Ideen und Vorschlägen der bestehenden oder zukünftigen Kunden zu gestalten. Ein ideales Werkzeug zur Einführung neuer Produkte – denn die Menschen, die bei der Entwicklung dabei sind, gehören meist zu den ersten Käufern und sind begeisterte Mundpropagandisten.

Einbeziehungsangebote: Unternehmen können diverse Angebote an Kunden und potenzielle Kunden machen, um sie in Marketingprozesse einzubeziehen und damit einen positiven Einfluss auf die Anregung von Mundpropaganda haben, z. B. durch:

- Voting/Abstimmungen/Meinungsumfragen
- Kommentare
- Einladungen
- Produkttests
- Kundenparlamente
- Brainstorming
- Customizing
- Individualisieren von Etiketten, Produktzutaten oder ganzen Produkten

Der Hawthorne-Effekt oder warum Einbeziehung positive Mundpropaganda erzeugt

Wir schreiben das Jahr 1924 und befinden uns in dem kleinen Ort Hawthorne in der Nähe von Chicago. Die Telekommunikationsfirma Western Electric hat ein paar Wissenschaftler der berühmten Harvard Business School rund um den Soziologen Elton Mayo beauftragt zu ermitteln, durch welche Maßnahmen die Produktivität der Arbeiterinnen und Arbeiter im Werk gesteigert werden kann.

Um dies herauszufinden, bildeten die Wissenschaftler mehrere kleine Gruppen von Arbeitnehmern, an denen sie unterschiedliche Faktoren und ihre Wirkung auf die Produktivität untersuchen wollten. So wollten sie zuerst ermitteln, ob die Verbesserung der Lichtverhältnisse einen Produktivitätsanstieg mit sich bringen würde. Genau das geschah. Allerdings geschah auch etwas Seltsames. In einer Kontrollgruppe wurden die Lichtverhältnisse nicht verbessert, sondern sogar stark verschlechtert. Und in dieser Kontrollgruppe, die unter besonders schwachen Lichtverhältnissen arbeiten musste, stieg die Produktivität ebenfalls deutlich an. Hatten die Lichtverhältnisse also gar nichts mit der Produktivitätssteigerung zu tun? In den Jahren 1924 bis 1932 führten die Forscher verschiedene Experimente durch, um die Faktoren zur Produktivitätssteigerung zu finden. Aber was auch immer sie taten – jedes Experiment führte zu einer Steigerung der Produktivität. Was war die Ursache? Der Hawthorne-Effekt. Denn die Forscher hatten den Teilnehmern an den Experimenten zuvor mitgeteilt, dass sie zu einer kleinen Gruppe Ausgewählter gehörten, mit denen man verbesserte Arbeitsbedingungen vor ihrem großflächigen Einsatz testen wollte. Allein die Tatsache, zu diesem kleinen Kreis Auserwählter zu gehören und zu wissen, dass sich die Geschäftsleitung um die Verbesserung der Arbeitsbedingungen bemühte, führte zu einer erhöhten Motivation und in Folge dessen zu einer höheren Arbeitsleistung der Teilnehmer.

Fazit: Für das Entstehen von Mundpropaganda ist der Hawthorne-Effekt von großer Wichtigkeit. Er erklärt, warum es wirksamer ist, Nachrichten, die sich per Mundpropaganda verbreiten sollen, vorab einer kleinen Gruppe ausgewählter Personen zugänglich zu machen. Das Wissen, zu diesem exklusiven Kreis Auserwählter zu gehören, verstärkt die Identifikation mit einem Unternehmen oder einer Marke und erhöht die Motivation der Beteiligten, über ein Unternehmen (positiv) zu sprechen.

Testen Sie den Hawthorne-Effekt in Ihrer Umgebung: Wenn Sie das nächste Mal von jemand in Ihrer Umgebung etwas möchten – einen Termin, eine Zustimmung zu einem Projekt, eine Unterstützung oder vielleicht sogar eine Gehaltserhöhung - machen Sie sich den Hawthorne-Effekt zunutze. Bevor Sie Ihr Gegenüber um das bitten, was Sie eigentlich möchten, bitten Sie ihn um einen Ratschlag - ganz gleich, um welches Thema es sich handelt. Wichtig ist, dass Sie Ihrem Gegenüber deutlich machen, wie sehr Sie seinen Ratschlag schätzen. Danach fragen Sie ihn das, was Sie eigentlich wollten. Die Chance ist groß, dass der Hawthorne-Effekt für Sie arbeitet und Sie eine Zustimmung erhalten. (Ein Tipp, den Dr. Paul Marsden in dem Buch „Connected Marketing", S. 6 geschildert hat.)

(8) Die Machbarkeit

Botschaften, die sich gut verbreiten lassen, sind einfach zu erzählen - wenn's komplizierter wird und man sich kaum selber etwas merken kann, wie soll man es dann einigermaßen korrekt weitergeben? Sie kennen das, wenn Sie das Kinderspiel „Stille Post" spielen. Je komplizierter der Ausgangssatz, desto geringer die Chance, dass am Ende der Erzählkette noch eine Ähnlichkeit mit dem Ursprungssatz zu erkennen ist. Botschaften einfach zu halten, ist die eine Technik. Die andere ist, sie in Storys zu verpacken. Seitdem wir wissen, dass selbst Gedächtniskünstler mit der Methode arbeiten, um sich komplexe Zahlenreihen zu merken - sie finden zu jeder Zahl ein Bild und packen das Ganze in eine Geschichte - ist klar, dass das menschliche Gedächtnis Geschichten besser speichert.

Einen dritten Aspekt gibt es aber auch noch. Die Story muss sich auch einfach verbreiten lassen. Sie müssen sie also transportfähig machen. Steckt die Story in einem Bild, das Sie ins Internet stellen, ist es einfach. Denn Millionen von Menschen haben so die Chance, dieses Bild per Mausklick weiterzuverbreiten. Mediengerechte Aufbereitung der Marketingbotschaften ist das Erfolgskriterium, wenn sie sich verbreiten sollen.

Einfachheit statt CD-Manual

Anstatt durch komplexe CD-Manuals, die bei Konzernen mehrere Ordner dick sind, zu regeln, was zur Marke gehört, sollten die Manager lieber eine offene Marke schaffen, die sich die Nutzer aneignen können. Bestes Beispiel dafür ist der Pinguin von Linux. Es gibt dafür kein einheitliches Symbol - kein exakt beschriebenes Linux Logo. Das einzig Unveränderliche und zugleich das Individuelle, ist die Abbildung eines Pinguins und der Schriftzug Linux. Ein solches Logo macht es den Nutzern leicht, sich als Fans zu bekennen und mit eigenen Mitteln ihre Anhängerschaft zu dem Betriebssystem bildhaft nach außen zu tragen.

Auch andere einfache Logos wie die drei Streifen von Adidas, der Bogen von Nike oder der angebissene Apfel von Apple ermöglichen es, ein Markenzeichen (auch mit einfachsten Mitteln) selbst herzustellen und dieses als Botschafter einzusetzen.

(9) Ausprobieren

Besser als den Leuten nur Informationen über Ihre Produkte in Prospekten oder Videos zum Lesen und Anschauen zu geben, ist: lassen Sie sie etwas ausprobieren. Als der Autokonzern Chrysler auf der Detroit Motor Show Sand, Kies, und künstliche Rampen in die Halle schaffte und die Leute dann in diesem künstlichen Parcours einen Geländewagen unter Offroadbedingungen fahren durften, waren die Kaufabschlüsse weitaus höher als bei normalen Probefahrten. Ich wundere mich schon lange, wieso Geländewagen oder Cabrios hierzulande in klimatisierten Räumen hinter Glas ausgestellt werden und man die potenziellen Autokäufer nicht zu Touren einlädt, die ihnen Spaß machen und die Vorzüge des Autos anschaulich demonstrieren. Liebe Autoverkäufer, kommt hinter dem Schreibtisch vor und werdet Erlebnis-Guides für uns Käufer!

Das simple Prinzip der Warenprobe bringt die Leute dazu, ein gutes Produkt erst kennen zu lernen und dann anderen davon zu erzählen. Unternehmensgründer Wrigley, der vor der Erfindung des Kaugummis Backpulver produzierte, machte den Kaugummi bekannt, indem er jeder Packung Backpulver zwei Streifen Kaugummi beilegte. Und 1916 ging er sogar so weit, dass er jedem, der im US-Telefonbuch stand, ein paar Warenproben zuschickte. 1,5 Millionen Haushalte erhielten auf diese Weise Gratis-Kaugummis. Der Rest der Kaugummi-Erfolgsgeschichte ist Ihnen sicher bekannt.

Ähnlich verlief die Erfolgsstory der kleinen und feinen Edelautoschmiede Wiesmann. Firmenchef Friedhelm Wiesmann parkte den ersten Wiesmann-Roadster vor einem Nobelhotel, in dem Tennisstars logierten und wartete geduldig auf die Tennis-Prominenz. Das Kalkül ging auf, inzwischen fertigt Wiesmann in Serie. Im Interview bei Spiegel Online erzählt er die Geschichte so:

„Wir haben uns lange mit der Frage gequält, wie man ein No-Name-Produkt in einer gehobenen Käuferschicht bekannt machen könnte. Als das Auto fertig und funktionsfähig war, hatten wir unser Pulver verschossen, im doppelten Sinn: Auch das Geld war knapp. Damit schieden alle klassischen Werbemaßnahmen – Tageszeitungen, Plakate, Fernsehspots – aus. Schließlich kamen wir darauf, die Tennisszene als Medium zu nutzen. Die war in den frühen Neunzigern sehr populär, Boris Becker und Steffi Graf noch echte Stars ... Ich bin also mit unserem Auto zum Rothenbaum-Turnier nach Hamburg gefahren und hatte mir frühzeitig ein Zimmer im Interconti gesichert, in dem die meisten Spieler, Sponsoren und Medienvertreter absteigen. Für ein saftiges Trinkgeld habe ich den vordersten Parkplatz bekommen, direkt am Eingang. Anschließend habe ich die folgende Woche in der Hotellobby verbracht, immer in Sichtweite. So war ich immer dann ‚zufällig' zur Stelle, wenn sich jemand für das Auto zu interessieren schien. Ich konnte praktisch alle Tennisspieler zur Probefahrt gewinnen, Agassi, Sampras und so weiter." (Spiegel Online: http://www.spiegel.de/auto/aktuell/0,1518,297760,00.html, downgeloadet am 16.4.2007, 14:07 Uhr)

4. Warum sich Mundpropaganda in Netzwerken schneller ausbreitet

Buzz verbreitet sich in Netzwerken, stellt Emanuel Rosen in seinem Standardwerk „The Anatomy of Buzz“ lapidar fest. (Er definiert Buzz übrigens als „die gesamte Mundpropaganda über eine Marke.“) Die Feststellung, dass sich Mundpropaganda in Netzwerken verbreitet, ist allerdings nicht besonders aufregend. Denn schließlich müssen zwei Menschen, um sich auszutauschen, auf irgendeine Art miteinander verbunden sein. Selbst eine Familie stellt daher schon ein kleines Netzwerk dar. Die Klasse, die Kegelfreunde, die Käufer von Kaffeepads – sie alle können wir nicht als Zielgruppen, sondern als Bestandteil eines unsichtbaren Netzwerkes begreifen. Vorausgesetzt sie sind tatsächlich untereinander verbunden. Denn erst die Verbindung, die Vernetzung, schafft das Netzwerk.

Was Sie über Netzwerke wissen müssen

Was sind eigentlich Netzwerke? Der Begriff ist den meisten am geläufigsten, wenn sie an Computernetzwerke denken. Einzelne, isoliert arbeitende Computer werden mithilfe von Software, Kabeln oder Funk verbunden und können so Daten untereinander austauschen, zusammenarbeiten, gemeinsam einen Drucker benutzen und vieles mehr. So wie es bei Rechnern Verbindungen gibt, die es ermöglichen, dass mehrere Einzelrechner ein Netzwerk bilden, so gibt es auch im Alltag von Menschen diese Verbindungen, die uns von Netzwerken sprechen lassen. „Networking“ ist der Modebegriff für die Tätigkeit des Kontakte knüpfens. Netzwerke bestehen aus einzelnen Individuen, aber wenn wir im Marketing Netzwerke betrachten, dann stehen nicht die persönlichen Eigenschaften der einzelnen Teilnehmer im Vordergrund. Wir interessieren uns dafür, was sie innerhalb des Netzwerkes für Funktionen innehaben:

- Wie groß ist das Netzwerk?
- Wer hat zu wem Kontakte?
- Wie eng werden diese gepflegt?
- Wie sind die Verbindungswege?
- Worüber tauschen sich Angehörige von Netzwerken aus?
- Welche Verbindungswege nehmen die Nachrichten?
- Wie kann man Netzwerke sichtbar machen?

Netzwerke sind keine Zielgruppen

Zielgruppen sind Gruppen von Individuen, die gemeinsame Merkmale aufweisen. In einer Zielgruppe landen beispielsweise Personen, auf die die gleichen Eigenschaften wie Alter, Geschlecht, Familienstand, Haushaltsgröße etc. zutreffen. Das ist in vielen Fällen sehr oberflächlich. Und es liefert die bekannten Probleme: Wenn es unter Harley Davidson Fahrern sowohl Metallarbeiter als auch Bankdirektoren, Professoren oder Kfz-Mechaniker, Bäcker oder Webdesigner gibt. Wenn die Fahrer ein Alter aufweisen, das zwischen 21 und über 80 Jahren liegt – mit welcher Strategie will man dann eine Zielgruppe der möglichen Harley Davidson Käufer definieren? Auch die Aufnahme des Zielgruppenmerkmals „männlich" hilft nicht unbedingt weiter – 13 % der Harleys werden von Frauen gefahren!

Im Mundpropaganda-Marketing spielen Zielgruppendaten keine Rolle. Warum nicht?

Es ist zunehmend unmöglich geworden, anhand der Zielgruppenbeschreibungen die eigene Kundschaft treffend zu charakterisieren. Noch unmöglicher ist es, potenzielle Kunden mit der Zielgruppentheorie anzusprechen. Und: Mundpropaganda verbreitet sich auf der Basis bestehender Netzwerke. Deshalb gilt es, diese zu erkennen und zu analysieren, um sie in jeder Art und Weise nutzen zu können.

Netzwerke sind häufig unsichtbar

Ein Marketingmanager, der in seinem Job gerne alles unter Kontrolle haben möchte, würde sich besser fühlen, wenn er Überträger in Netzwerkkarten einzeichnen könnte. Wenn er auf einer Tafel Netzwerkknoten und Verbindungslinien sichtbar machen könnte. So wie man früher mit Stecknadeln jede Vertriebsniederlassung auf einer Landkarte markierte. Leider geht das nur sehr eingeschränkt, wenn Sie mit Netzwerken arbeiten.

Für den Mundpropaganda-Experten Emanuel Rosen steht sogar als ehernes Prinzip fest: Netzwerke sind unsichtbar.

Diese Unsichtbarkeit mag aber eher daran liegen, dass sich viele Mitglieder von Netzwerken nicht als solche begreifen. Auch die Gemeinschaft von Mietern innerhalb eines Mehrfamilienhauses muss kein funktionierendes Netzwerk sein. Die Leute wohnen zwar zufällig am selben Ort und benutzen denselben Treppenaufgang. Möglichweise gehen sie sich aber seit Jahren aus dem Weg und wechseln kein Wort miteinander.

Denken Sie sich allerdings die gleiche Situation bei einem Haus- oder Straßenfest. Hier wird die Vernetzung der Teilnehmer für die Dauer eines Festes greifbar.

Das Nachbarn-Netzwerk. Der Karlsruher Malermeister Werner Deck nutzt das „unsichtbare" Netzwerk der Nachbarn, das sowohl durch räumliche Nähe, aber auch Tratsch und Klatsch verbunden ist, für die Stimulation von Mundpropaganda. Wann immer er in einem Mehrfamilienhaus renoviert, hängt er kleine Post-it an die Wohnungstüren der anderen Hausbewohner. Text: „Hallo. Bei Ihren Nachbarn verschönern wir gerade die Wohnung. Wenn wir etwas für Sie tun können, lassen Sie es uns wissen."

Damit hat er die Neugier geweckt, ja er gibt den Nachbarn sogar einen Aufhänger für ein bisschen nachbarschaftlichen Small Talk. Haben Sie den Zettel auch bekommen? Soso, der Malermeister renoviert bei Ihnen? Jede Wette, dass man hinterher auch fragt: Und, wie war er?

Wie man Netzwerke entdeckt

Glücklicherweise ist dies online erstaunlich einfach. Denn Online-Aktivitäten sind im Gegensatz zu den Tätigkeiten im „normalen" Leben sichtbar. Schließlich sind alle Seiten des Internets durch Links verknüpft. Egal, ob es Rezensionen bei Amazon, Weblogeinträge, Fragen oder Antworten in Online-Communities oder Einträge in Gästebüchern sind - die Leute hinterlassen Spuren. Und diese Spuren führen Sie zu den Verbindungen.

In Online-Business-Clubs wie XING oder in der Studenten-Community StudiVZ bilden die Menschen ihr Netzwerk freiwillig ab. Wer kennt wen? -

Das ist die Kernfrage, um die sich in diesen Communities alles dreht. Und offline? Im realen Leben? Da können Sie einerseits auf organisierte Netzwerke achten wie sie Vereine, Berufsgruppen oder Clubs darstellen. Zum anderen müssen Sie lernen, die eher unsichtbaren, manchmal temporären oder nur lokalen Netzwerke zu entdecken.

Offline-Netzwerke

Netzwerke, in denen sich Mundpropaganda ausbreiten kann, gibt es viele.

Permanente Netzwerke
- Bestehen über längere Zeiträume oder/und
- sind in festen Organisationsstrukturen etabliert.
- Beispiele: Vereine, Unternehmen, Buch-Clubs, Interessengemeinschaften

Temporäre Netzwerke
- Entstehen aus einem bestimmten Anlass.
- Beispiele: Teilnehmer eines Konzerts, einer Demonstration oder Buchlesung

Lokale Netzwerke
- Sind durch ihre lokale Nähe verbunden.
- Beispiele: Dorfgemeinschaften, Nachbarn

Netzwerke identifizieren und analysieren

Daher ist klar, dass es zu den Grundaufgaben des Mundpropaganda-Marketings gehört, diese - oft „unsichtbaren" - Netzwerke zu identifizieren und die Mitglieder der Netzwerke und die Verknüpfungen untereinander zu erkennen.

Es gehört zu den ersten Tipps, bevor Sie einem Forum beitreten, dass Sie sich zuerst einmal ein bisschen umsehen. Welches sind aktive Mitglieder? Wer ist hilfreich? Wer stänkert immer?

Wer gehört zu den so genannten Trollen? (So nennt man im Internet Menschen, die durch ihre häufigen anonymen Beiträge lediglich provozieren wollen.) Wer moderiert das Forum? Dadurch erzeugen Sie nicht etwa einen Haufen sinnloser Daten, aber auch keine Liste von Menschen, denen Sie Ihre Verkaufsinformationen aufdrücken können. Sie brauchen das schlichtweg zu Ihrer Orientierung, um den nächsten Schritt tun zu können.

Netzwerke visualisieren

Wenn wir Netzwerke visualisieren, dann mit Bildern wie diesem: Es zeigt einzelne Punkte (die Knoten oder Hubs) und Verbindungslinien von einem zu einem oder mehreren anderen. Es fällt auf, dass von manchen dieser Knoten mehr Verbindungslinien ausgehen als von anderen – das sind die so genannten Megahubs. In einem sozialen Netzwerk also die Personen, über die besonders viele Informationen fließen.

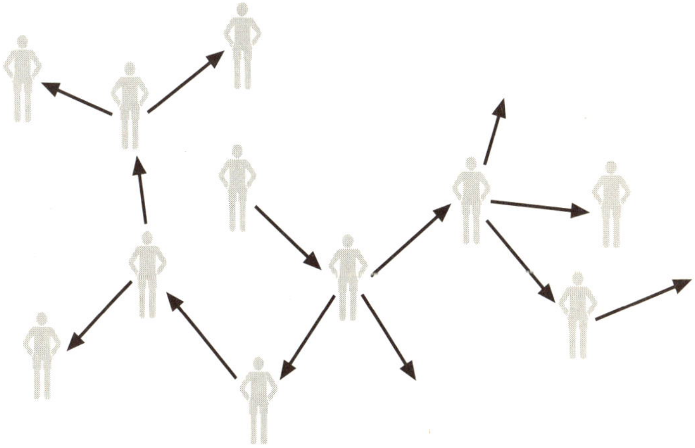

Abb. 2: Mundpropaganda verbreitet sich netzwerkartig

Bei dem bekanntesten deutschen Online-Businessnetzwerk XING (http://www.xing.com) wird das Netzwerk auf verschiedene Art und Weise sichtbar gemacht. Zum einen geht es darum, in dem Netzwerk Kontakte zu knüpfen - man könnte von einigen sogar sagen, dass sie diese regelrecht sammeln. Die Kontakte - also Personen, die man kennt oder mit denen man sich geschäftlich oder freundschaftlich verbunden fühlt, sind für jedermann einsehbar und gelten unter den Mitgliedern als „persönliches Netzwerk".

Über die Funktion „Kontakte meiner Kontakte" kann man dann sehen, wer unter den eigenen Kontakten wiederum andere Menschen kennt, die man eventuell ansprechen könnte. Das Ganze bebildert also sehr anschaulich die These von den „Six degrees" - jeder kennt jeden über sechs Ecken. Ich persönlich verfüge über 82 direkte Kontakte. Das ergibt die stolze Zahl von 28512 indirekten Kontakten - wenn ich die Kontakte meiner Kontakte dazu zähle.

Auf andere Weise kann man die Verbindungen von Blogs untereinander sichtbar machen - nämlich dann, wenn man der Frage nachgeht: Wer setzt einen Link auf wen? Blogger bilden in jedem Falle ein Netzwerk: Es wird durch Blogging-Regeln, die stillschweigend vereinbart wurden, etabliert und durch eine Kontrolle der Blogger untereinander zusammengehalten. Zu den unausgesprochenen Regeln gehört es, einem Blogger, den man zitiert, einen Link zu spendieren, Kommentare zuzulassen, das Blognetzwerk nicht zu Werbezwecken zu missbrauchen etc.

Da bei Blogs aber immer der einzelne Beitrag verlinkt wird, zeigt sich auch, wie Themen mit Äußerungen anderer Blogger weltweit verknüpft werden. Und nichts anderes als Links sichtbar zu machen, macht die Blog-Suchmaschine Technorati: Sie zeigt, wer wen verlinkt und welche Themen in Blogs weltweit am meisten diskutiert werden. http://www.technorati.com

Sich in Netzwerke integrieren

Ihr Bestreben sollte es auch sein, Bestandteil dieser Netzwerke zu werden - als mehr oder weniger aktives Mitglied können Sie dort am Informationsaustausch teilnehmen. Also erkennen und darauf reagieren, wenn negativ über Sie gesprochen wird. Oder Informationen in diese Netzwerke einbringen.

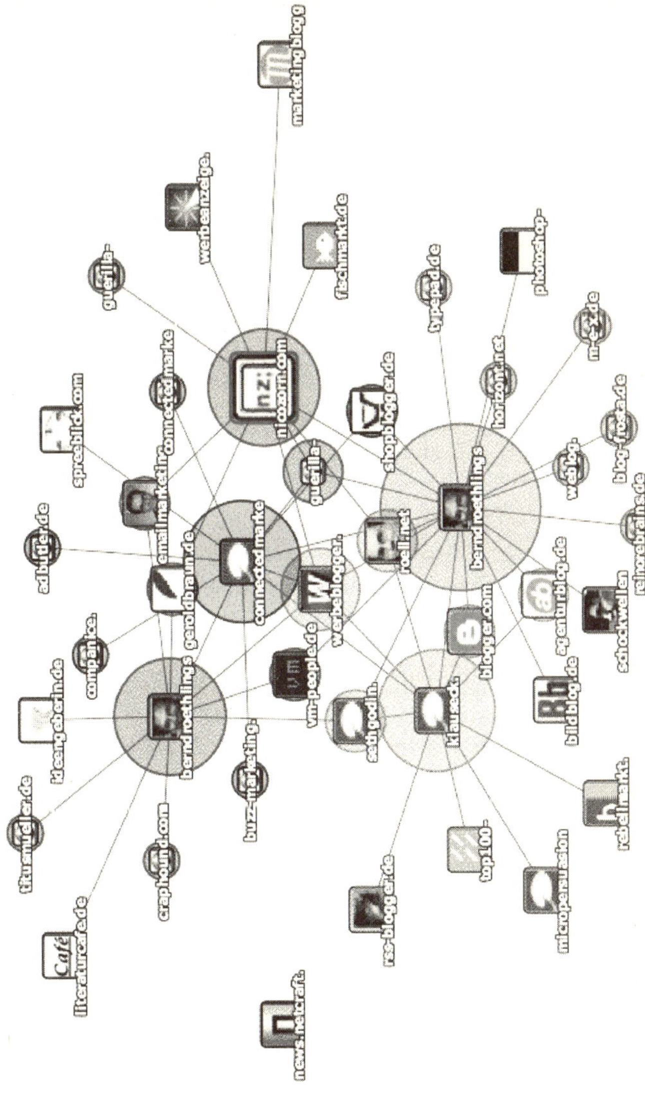

Abb. 3: Das Netzwerk rund um mein Weblog http://berndroethlingshoefer.typepad.com

Der Starwood Lurker. Die amerikanische Hotelkette Starwood, zu der unter anderem die Sheraton Hotels St. Regis und Westin gehören, hat einen Mitarbeiter einzig und allein damit beschäftigt, in Online-Foren und Communities mit den Kunden in Dialog zu treten. Seine Aufgabe ist es, wann immer negative Berichte über eines der Hotels gepostet werden, mit dem unzufriedenen Gast Kontakt aufzunehmen und ihm eine Lösung anzubieten. In der Onlineszene ist er als „Starwood Lurker" bestens bekannt.

Eine andere Möglichkeit sich in Netzwerke zu integrieren sind Botschafterprogramme – nicht Sie selbst, sondern die Botschafter Ihres Unternehmens sind dann im Netzwerk unterwegs.

Das Botschafterprogramm von StudiVZ. Eines der erfolgreichsten Start-up-Unternehmen des Jahres 2006, die Online-Community StudiVZ – eine Website, auf der sich Studenten mit ihren Hobbys und Interessen präsentieren, flirten, zusammenarbeiten und Freizeitpartner suchen – hat ein Botschafterprogramm gestartet, um möglichst schnell an jeder Universität die kritische Masse zu erreichen. Man konzentrierte sich darauf, möglichst schnell 150 aktive Nutzer in jeder Universitätsstadt zu gewinnen. Unter anderem wurden so genannte Campus Captains ernannt. Studenten, die StudiVZ durch Mundpropaganda an den Unis freiwillig und unentgeltlich bekannt machen sollten.

Netzwerke fördern

Klar ist nun auch, dass Sie, wenn Sie Mundpropaganda-Marketing betreiben, diese Netzwerke fördern wollen, so gut es geht. Das Funktionieren der Verbindungen sollte Ihnen ebenso am Herzen liegen wie das Wachstum von Netzwerken, die für Ihr Unternehmen wichtig sind. Fördern können Sie Netzwerke auf vielfältige Art und Weise – das klassische Sponsoring ist die am weitesten verbreitete Form der Netzwerkförderung. Denken Sie etwa an die Sponsoringmaßnahmen, die Vereinen in Deutschland zugute kommen.

Starke und schwache Netzwerke

Die Netzwerkforschung unterscheidet auch zwischen „starken" und „schwachen" Netzwerken.

Starke Netzwerke

- Hohe Interaktion zwischen den Teilnehmern
- Häufige Treffen
- Ständige Kommunikation
- Hohe Ritualisierung
- Zugangshürden für Außenstehende
- Starke Megahubs (Anführer)
- Beispiel: Zeugen Jehovas, schlagende Verbindungen, Fußballfanclubs, Peer-Groups)

Schwache Netzwerke

- Sporadische Interaktion zwischen den Teilnehmern
- Keine oder seltene Treffen
- Sporadische Kommunikation
- Geringe Ritualisierung
- Zugang für jedermann
- Schwache oder kaum erkennbare Megahubs
- Beispiel: Jahrgangstreffen, Abi-Jahrgänge, Journalisten, Berufsverbände

Im Mundpropaganda-Marketing benötigt man sowohl starke als auch schwache Netzwerke. Man geht davon aus, dass sich Nachrichten in starken Netzwerken schneller verbreiten, da die Teilnehmer einen intensiveren Austausch miteinander pflegen. Aber in schwachen Netzwerken verbreiten sich Nachrichten offenbar über größere Entfernungen.

Die Regel der 150. Malcolm Gladwell beschreibt in seinem Buch „The Tipping Point", dass vor allem kleine Netzwerke, die von einem starken Zusammengehörigkeitsgefühl der Mitglieder geprägt werden, die Kraft haben, Epidemien auszulösen. Er glaubt dabei eine Regel entdeckt zu haben, die für das Gelingen von Mundpropaganda-Epidemien ausschlaggebend ist: Die Regel der 150. Nach Malcolm Gladwell sind Gruppen, die 150 Personen umfassen die, welche die stärksten Ausstrahlungseffekte für Ihre Botschaft bieten. Diese 150er-Regel entdeckte er in vielen Organisationsformen des menschlichen Lebens. So bildete bei der Religionsgemeinschaft der Hutterer jeweils eine Gruppe von 150 Menschen eine Gemeinde.

Es wäre also nahe liegend, Mundpropaganda-Initiativen vorwiegend in starken Netzwerken zu starten, um eine hohe Durchdringung und rasche Verbreitung von Nachrichten zu erreichen. Allerdings haben starke Netzwerke auch einen Nachteil – sie sind meist auch abgeschlossener gegenüber der Außenwelt. Mundpropaganda kann sich dann innerhalb der Gruppe stark verbreiten, dringt aber nicht aus ihr heraus. Die Fähigkeit solcher starken Netzwerke, Nachrichten nur innerhalb der Netzwerkteilnehmer kursieren zu lassen, ist unheimlich hoch.

So hat beinah jede Berufsgruppe ihre Berufsgeheimnisse, die nur selten nach außen dringen. Und bei zahlreichen Netzwerken, wie etwa Glaubensgemeinschaften, ist die Unterscheidung zwischen dem inneren Kreis der Mitglieder und den Außenstehenden sehr hoch. Ja, es gibt sogar Zugangsriten, die den Sinn haben, die Grenze zwischen außen und innen nicht allzu durchlässig zu machen. Die Gefahr, dass Nachrichten dann auf der Strecke bleiben, weil sie aus einem Netzwerk nicht mehr nach außen dringen, ist groß.

Deshalb braucht man für eine sich weiter ausbreitende Mundpropaganda sowohl starke als auch schwache Netzwerke. Ein solches schwaches Netzwerk bilden auch die Teilnehmer des Internets – sie helfen, dass sich Nachrichten in Windeseile und an eine hohe Zahl von Empfängern verbreiten lassen.

Botschafternetzwerke statt Käufernetzwerke

Ein Trugschluss wäre es zu glauben, man solle im Mundpropaganda-Marketing nur Käufer-Netzwerke anpeilen. Nicht alle Netzwerke bestehen aus potenziellen Käufern. Manche bringen uns nur mit den Käufern in Kontakt. Und diese Netzwerke können unter Umständen sehr wichtig sein. Für die Pharmaindustrie sind die beiden wichtigsten Netzwerke die, die noch vor dem Patienten kommen. Ärzte und Apotheker treffen oft die Entscheidung, welches Medikament verschrieben wird oder sie beeinflussen die Patientenentscheidung durch ihre Empfehlung. Apotheker und Ärzte kann man, trotz aller von ihnen betonten Unabhängigkeit durchaus als Markenbotschafter bestimmter Präparate sehen, von denen sie eben überzeugt sind oder überzeugt wurden.

Die schwarzen Schafe unter ihnen sind weniger durch Argumente, als vielmehr durch Zuwendungen überzeugt worden, wie uns Medienberichte immer wieder vor Augen führen.

Im Mundpropaganda-Marketing geht es ganz und gar nicht um Bestechungsversuche – es geht vielmehr um die Gewinnung ehrlicher Empfehlungen und um einen Draht zu den Menschen, die man erreichen will. Da hilft manchmal der Umweg über Netzwerke.

Die Krankenschwester Georgia Sadler begann in Kirchen nach Gottesdiensten das Publikum über Brustkrebs und Diabetes aufzuklären. Es stellte sich schnell heraus, dass dies nicht der richtige Ort war. Ein besserer Ort waren die Schönheitssalons. Dort hatten Frauen Zeit. Sie hielten sich für Kosmetikbehandlungen oft stundenlang in den Salons auf und plauderten über Gott und die Welt.

Außerdem verfügt jede Mitarbeiterin in einem Schönheitssalon über ein großes Netzwerk von Kontakten, ja pflegt oft sehr freundschaftliche Beziehungen zu den Kundinnen, die es ihr ermöglichen, im Rahmen von Gesprächen auch Themen wie Gesundheitsvorsorge anzuschneiden. Georgia Sadlers Erfolgsstrategie: Sie begann Kosmetikerinnen auszubilden und sie über Brustkrebs aufzuklären. Sie leitete sie an, mit ihren Kundinnen darüber zu sprechen. Und hatte damit Erfolg.

Nutzen Sie das nächstliegende Netzwerk der Welt: Ihre Kunden

Kein Zweifel. Der Kunde entscheidet über den Erfolg eines Unternehmens. Allein die Tatsache, dass ein Kunde bei Ihnen einkauft, ist eine Zustimmung zu dem, was Ihr Unternehmen zu bieten hat. Ein Votum für Sie und gegebenenfalls gegen den Wettbewerber. Im Mundpropaganda-Marketing sind die Kunden enorm wichtig. Sie haben eine persönliche Erfahrung mit Ihrem Unternehmen und in aller Regel reden sie darüber. Aus freien Stücken, wie es ihnen gerade einfällt. Wenn sie gefragt werden. Natürlich geben Kunden auch besonders glaubhafte Rezensenten in Online-Shops und Foren ab – sie gehören ohne Ausnahme zu dem Typus des Testimonials unter den Botschaftern.

Wie Sie im Kundenkreis Mundpropaganda-Programme starten

Wenn Sie Mundpropaganda-Marketingmaßnahmen im Kundenkreis starten wollen, werden Sie auf die Suche nach den Überträgern gehen müssen. Allerdings stehen uns hier andere Möglichkeiten zur Verfügung als die Fragebogenmethode oder das Beobachten von außen. Als Unternehmer sind Sie bereits mittendrin in einem Beziehungsgeflecht, das aus zufriedenen, weniger zufriedenen, begeisterten oder frustrierten Kunden besteht. Und diese verschiedenen Kunden können Sie auf andere Weise differenzieren: in Fans, Stammkunden und normale Kunden. Hier ein paar Klassifizierungshilfen:

Kunden
- Kaufen gelegentlich bei Ihnen ein.
- Verfügen über keine besondere Bindung an Ihr Unternehmen.
- Sind preissensibel.

Stammkunden
- Kaufen wiederholt und häufiger bei Ihnen ein.
- Sind anspruchsvoll.
- Sind weniger preissensibel.
- Sind beziehungs-, sympathie- oder servicesensibel.
- Sehen über kleine Fehler hinweg.
- Empfehlen Sie weiter.
- Interessieren sich für neue Produkte und Dienstleistungen Ihres Unternehmens.

Fans
- Gehören zu Ihren besten Kunden.
- Interessieren sich für nahezu alle Aspekte des Produkts und Unternehmens,
- Sind begeistert.
- Kaufen neue Produkte als erste.
- Sind weniger preissensibel, sondern service-/beziehungssensibel.
- Entschuldigen Fehler.
- Setzen sich aktiv für Sie ein, d. h. nehmen Sie vor anderen in Schutz.
- Empfehlen Sie (lautstark) weiter.

Wie Sie Fans, Stammkunden und Kunden erkennen können

Auch hier hilft Ihnen die Recherche im Internet ein ganzes Stück weiter. Denn einige Kunden äußern sich im Internet – zufrieden oder enttäuscht. Einige eröffnen Foren oder Blogs, auf denen sie sich mit anderen austauschen. Diese spüren Sie leicht auf!

Was aber ist mit der Mundpropaganda, die nicht über das Netz geht? Wie erkenne ich Fans einer Fahrschule oder eines Bäckerladens? Also von Unternehmen, die (zumindest zum heutigen Zeitpunkt) ihre Kommunikation nur ganz unwesentlich über das Netz laufen lassen? Welche praktischen Methoden gibt es, diese potenziellen Mundpropagandisten in Ihrem Kundenkreis zu ermitteln?

- Befragung
- Beobachtung
- Aufruf
- Einbeziehung

Befragung

Eine Befragung wie von Fred Reichheld vorgeschlagen und im Kapitel 2 genauer beschrieben („Wie wahrscheinlich ist es, dass Sie Ihr Unternehmen einem Freunden oder Bekannten empfehlen?"), ist für Ihr Unternehmen ohnehin unverzichtbar. Und liefert Ihnen auch die Anknüpfungspunkte für mögliche Botschafter. Wählen Sie mögliche Botschafter aus denen aus, die auf die Frage neun oder zehn Punkte vergeben haben, also bereits jetzt der Meinung sind, dass Ihr Unternehmen empfehlenswert ist.

Beobachtung

Mögliche Botschafter finden Sie auch durch Beobachtung. Beispielsweise könnten Sie durch Recherchen in Blogs, Foren, Verbraucherportalen herausfinden, wer über Ihr Unternehmen spricht oder sich fachspezifisch mit „Ihrer" Thematik befasst. Einen Einstiegspunkt bietet dafür eine Recherche bei Google, Technorati oder anderen Suchmaschinen, die Ihnen möglicherweise relevante Ergebnisse liefern.

Die Methode „Kundenkreis“: Für kleinere Unternehmen bietet sich aber auch eine andere Methode an, die ich in meinem Buch „Marketeasing“ bereits beschrieben habe. Sie ist Techniken ähnlich wie sie in der Familientherapie und der sozialen Gruppenarbeit bereits verwendet werden. Die Familienaufstellung.

In Spielsituationen bitten Therapeuten ihre Klienten die Beziehungsmuster in Familien darzustellen, indem sie z. B. Spielsteine als Stellvertreter für Eltern, Geschwister, Großeltern etc. auf dem Tisch platzieren müssen – je nach Grad der Intensität näher bei sich selbst oder weiter entfernt.

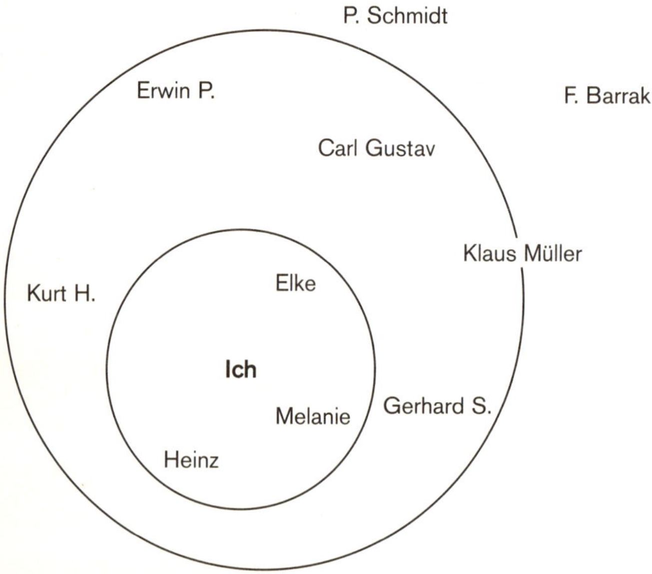

Abb. 4: Der Kundenkreis zeigt deutlich an, welche Kunden Ihnen am nächsten stehen

Statt einer Familienaufstellung können Sie für Ihre Kunden den so genannten Kundenkreis erstellen. Platzieren Sie sich selbst in der Mitte und die Kunden, die Ihnen besonders nahe stehen in unmittelbarer Nähe zu sich – entfernte Kunden stehen wie entfernte Verwandte weit von Ihnen weg. Wie Sie aus Abbildung 5 ersehen können, lässt sich so das Kundennetzwerk hervorragend bildlich darstellen.

- An welche Kunden erinnern Sie sich, wenn Sie nun aus dem Stegreif zehn aufzählen sollen (lassen Sie in diesem Fall die Reklamationen weg!)?
- Wer kommt besonders häufig zu Ihnen?
- Wer kauft regelmäßig oder schon seit Jahren bei Ihnen ein?
- Mit wem führen Sie längere Gespräche?
- Mit wem plaudert es sich besonders nett?

Lassen Sie diese Fragen von denjenigen in Ihrem Unternehmen beantworten, die mit den Kunden in Kontakt stehen - wenn Sie als Unternehmer nicht im Verkauf tätig sind, lassen Sie Ihre Vertriebsmannschaft den Fragenkatalog bearbeiten. Anstatt die Kunden nun in einzelne Segmente zu stecken, malen Sie sich lieber einen Kreis: den Kundenkreis. Ihre Kunden sind kleine Pünktchen, die Sie mehr oder weniger weit von sich entfernt platzieren (vgl. Abb. 4).

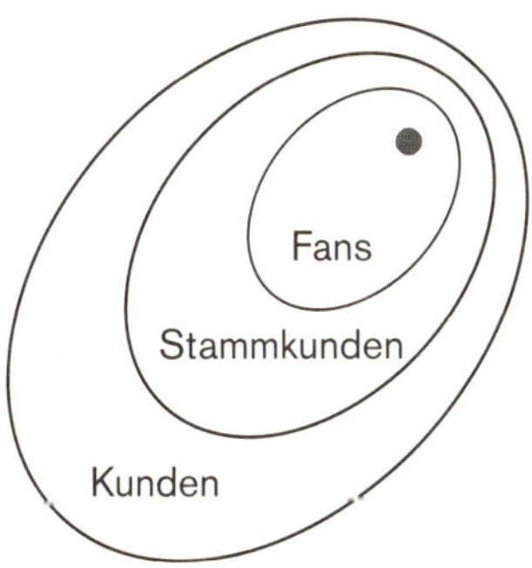

Abb. 5: Segmentieren Sie nach Kunden, Stammkunden, Fans

Sie werden feststellen, dass Sie die Ihnen am nächsten stehenden vermutlich am besten kennen. Mit einigen sind sie sogar befreundet. Von anderen kennen Sie spontan den Namen. Bei anderen wiederum macht es Ihnen Mühe, sich detailliert zu erinnern - sie stehen weiter entfernt als alle anderen.

Sie können die Grade der Entfernung unendlich differenzieren, indem Sie mehr und mehr Kreise um Ihre Mitte zeichnen und damit entscheiden, welche Abstufungen Sie dieser Untersuchung geben wollen.

Für das weitere Vorgehen sind nur drei Kreise entscheidend. Diejenigen, die Sie um Fans, Stammkunden und Kunden ziehen. Unter den Fans werden Sie die ersten möglichen Botschafter finden.

Aufruf

Immer dann, wenn Sie Kunden zu Aktivitäten aufrufen, haben Sie eine gute Gelegenheit, die aktiven von den passiven zu trennen. Ja, die aktiveren unter Ihren Kunden geben sich von selbst zu erkennen. Um Kunden zu Aktivitäten aufzurufen, können Sie eine ganze Menge tun. Manche fangen mit einer kleinen Umfrage auf ihrer Webseite an (weniger gut), andere binden Kunden in die Entwicklung ihrer Produkte ein (sehr gut).

Achtung! Stellen Sie keine geschlossenen Fragen, die sich nur mit Ja/Nein beantworten lassen. Auch Umfragen, die nur Antworten zum Ankreuzen zulassen, sind wenig hilfreich. Bei Mundpropaganda-Marketing geht es um das Auslösen von Gesprächen. Und Gespräche lösen Sie besser aus, wenn die Kunden mehr als „ja" oder „nein" sagen dürfen.

Bloggen und Fragen stellen: Ideal, wenn Sie ein Blog betreiben. Die beiden erfolgreichen Firmenblogs von Frosta (Tiefkühlkost) und der Saftkelterei Walther zeigen, dass man in diesem Medium die Kunden eine ganze Menge fragen kann: Im Saftblog der Kelterei Walther steht eine gute Erklärung dafür, wozu das Bloggen dient. Welche wertvollen Informationen es für das Unternehmen liefert:

> „Früher war alles viel besser. Früher stand der Chef noch auf dem Hof und unterhielt sich mit seinen Kunden. Viele kannte er sogar mit Namen. Und im Gespräch wurden Kritik, Anregungen und auch Lob unmittelbar ausgetauscht.
>
> Heute führt man kein Gespräch mehr mit seinen Kunden, sondern ist mit ihnen im Dialog, wie es neudeutsch heißt.
>
> Aber besser im Dialog, als gar nicht mehr im Gespräch. Mit dem Weblog wollen wir noch mehr Menschen am Leben und Arbeiten in der Kelterei Walther teilnehmen lassen. Auch wenn ein Weblog den persönlichen Kontakt nicht ersetzen kann, ist es der einfachste und di-

rekteste Weg, mit der Geschäftsführung und dem Team der Walthers zu kommunizieren oder Meinungen, Erfahrungen und Wissenswertes untereinander auszutauschen." (http://www.saftblog.de/, downgeloadet am 28.8.2006, 15:00 Uhr)

Offene Fragen, die Sie stellen, können das ganze Marketing betreffen. Was halten Sie von den Jingles? Welche Verpackungsgestaltung gefällt Ihnen besser? Sollen unsere Produktbeschreibungen ausführlicher werden?

Botschafterprogramme: Auch der direkte Aufruf an Kunden, sich für die Software einzusetzen, funktioniert.

So startete die amerikanische Software-Firma CoffeeCup, die Programme zur Erstellung von Internetseiten anbietet, im April 2006 eine Aktion, um Kunden in aller Welt als Support-Helfer zu gewinnen. Bestehende langjährige Kunden, die mehrere Produkte einsetzen, wurden gefragt, ob sie dies machen möchten. Sie werden damit entlohnt, dass sie die gesamte Produktpalette des Hauses kostenlos beziehen können.

Das Ergebnis: Neukunden können über 100 Nutzer aus aller Welt fragen, wie sie die Produkte einsetzen, wie sie damit zufrieden sind und vieles mehr.

So kann CoffeeCup in zahlreichen Sprachen einen Kontakt anbieten und erleichtert Neukunden, die der englischen Sprache weniger mächtig sind, die Kaufentscheidung für das Produkt. http://www.coffeecup.com/advisors

Einbeziehung

Das Kundenparlament ist eine wirksame Idee, die Einbeziehung der Kunde zu gestalten. Ein griffiger Name, der Kunden ihre Mitwirkungschancen verdeutlicht.

Parlamentarier im Autohaus. Das Düsseldorfer Autohaus Mercedes Brüggemann lädt zwei Mal im Jahr zum so genannten Kundenparlament.

Parlamentarier sind 40 Stammkunden, die bei dieser Veranstaltung Wünsche und Verbesserungsvorschläge einbringen. Natürlich ist das für die Stammkunden auch eine Art der Belohnung – neben der Bewirtung werden die Parlamentarier mit Informationen versorgt. Anregungen der Kunden werden natürlich umgesetzt: So wünschten sich die Kunden eine Waschstraße – und bekamen sie.

Stammkunden entwickeln Serviceideen. Auch das Business-Hotel Seedamm Plaza am Zürichsee kennt eine solche Kundenparlamentsidee. So lud die Hotelleitung einige Stammkunden ein, um gemeinsam mit ihnen neue Serviceideen zu entwickeln. In vier Gruppen aufgeteilt, wurden unterschiedliche Themen bearbeitet. Frage: Wie kann man den Service für Vortragsveranstalter und Referenten optimieren?

Idee der Kunden: Die Gäste abends oder in Pausen in die Geheimnisse von Küche und Bar einweihen! Diese Lösung wurde sofort umgesetzt. Noch am selben Abend bereiteten Küche und die geladenen Ideengeber gemeinsam ein Sechs-Gänge-Menü zu.

Kundenwünsche im B-to-B-Bereich. Obwohl – oder gerade weil – das Unternehmen Endress & Hauser Wetzer GmbH in Nesselwang, das Messgeräte herstellt, aufgrund seiner Vertriebsstruktur keinen direkten Kontakt zu seinen Kunden hat, nutzen sie die Kundenparlamentsidee. Zwei- bis dreimal im Jahr findet ein solches Kundenparlament statt, zu dem etwa 15 Meinungsbildner eingeladen werden. In Form von Workshops werden Kundenanforderungen ermittelt und Rückschlüsse für die Produktentwicklung gezogen – auch Produkte von Wettbewerbern werden gemeinsam unter die Lupe genommen.

Gemeinsam Werbung machen

Die Beastie Boys machen Musikfilme mit den Handyaufzeichnungen ihrer Fans. „Wenn du Musiker bist und zu den Fans ins Publikum siehst, wirst Du nicht nur Leute entdecken, die Feuerzeuge hochhalten. Viel häufiger sind es Handys, die Schnappschüsse machen oder minutenlang mitfilmen. Manchmal sind Fans darunter, die einen solchen Konzertmitschnitt auf ihrer Homepage oder Fanseite einstellen". Adam Yauch von den Beastie Boys brachte das auf eine Idee.

Er wollte eine Musikdokumentation erstellen, die ausschließlich von Fans gefilmt wurde. Zu diesem Zweck kaufte die Band 50 Hi 8 Kameras von Sony und verteilte sie anlässlich eines Konzerts an Fans mit der Auflage, sie während des ganzen Konzerts mitlaufen zu lassen. Das ergab an die 60 verschiedene Blickwinkel auf die Bühne und über 100 Stunden Rohmaterial – bis hin zu der Szene eines Fans, der die Kamera mit auf die Toilette nahm. Nicht gerade ein Billigprojekt.

Die Auswertung des Materials und der anschließende Schnitt dauerten fast ein Jahr und kosteten die Beastie Boys 1,2 Millionen US Dollar. Um den Film zu promoten, wurde er auf die Website der Musik-Community MySpace.com hochgeladen.

Wettbewerbe

Veranstalten Sie Wettbewerbe, die Spaß machen. Das können kleine spontane Aktionen sein, an denen Kunden teilhaben können – oder größere Events, die sowohl Kunden einbeziehen als auch für die Medien und deren Berichterstattung attraktiv sind.

Teno zieht Blogger an. Der Pforzheimer Schmuckhersteller veranstaltete im Frühjahr 2007 die Aktion „Teno zieht Blogger an" und versprach jedem Blogger ein kostenloses T-Shirt, der sich bereit erklärte, sich mit dem T-Shirt fotografieren zu lassen. Immerhin 119 Blogger wollten das T-Shirt bekommen und versprachen im Gegenzug sich damit abzulichten und einen Beitrag über Teno zu schreiben. Es zeigte sich: unter denen, die das T-Shirt wollten, befanden sich bereits viele Teno-Fans. Also beileibe keine wildfremden Menschen, die nur auf ein geschnorrtes T-Shirt aus waren.

Stihl Timbersports®Series. Wie die Axt im Walde zur WM-Sportart wurde. Um ihre Produkte bekannt zu machen, erfanden die Marketingleute von Stihl einfach eine Sportart selbst: die so genannten Timbersports (zu Deutsch etwa Baumsportarten). Weltweit finden Wettkämpfe statt, in denen die Athleten mit Kraft, Technik und professionellem Equipment die Besten ihres Standes ermitteln. In den verschiedenen Wettbewerben geht es u. a. darum, einen Stamm, welcher in einem horizontal verankerten Block steht, durch Axtschläge von beiden Seiten schnellstmöglich zu fällen. Oder beim spektakulären Springboard: Zwei Trittbretter müssen nacheinander in einen senkrechten Holzblock platziert werden, um darauf stehend an den auf die Spitze montierten Block zu kommen. Oben angelangt, muss die Spitze gefällt werden.

Bis zu 10 000 Besucher kommen auf die Live-Veranstaltungen. Sie werden in Kooperation mit Vertriebspartnern vor Ort gestaltet – auch kleinere Demonstrationen dieser Sportart im Handel sind möglich. Und wie bei jeder anderen etablierten Sportart auch, werden bei den Timbersports® regelmäßig Talentsichtungen durchgeführt, Trainings-Camps abgehalten und Trainingsstützpunkte eingerichtet.

Crowdsourcing

Crowdsourcing die radikalste Form Kunden einzubeziehen. Crowdsourcing ist ein im Jahre 2006 von Jeff Howe in einem Artikel für das amerikanische Wired Magazine erstmals verwendeter Begriff. Während Outsourcing Aufgaben und Arbeitsplätze aus dem Unternehmen nach außen und oft genug ins Ausland verlagert, ist bei Crowdsourcing die Übertragung von Aufgaben an eine große Masse von Menschen gemeint, die diese Aufgabe teils als Profis teils als Amateure erledigen. Vor allem für Forschungs- und Entwicklungsprojekte wird Crowdsourcing genutzt. Sein Vorteil: Es generiert eine große Anzahl von Ideen innerhalb kürzester Zeit und schafft u. U. Lösungen, auf die man innerhalb des Unternehmens gar nicht – oder erst nach langer Zeit und dementsprechend hohen Investments – gekommen wäre.

Beispiele für Crowdsourcing-Anwendungen:

- „Wikipedia: Tausende aktiver Nutzer generieren kostenlos Artikel und Inhalte und arbeiten gemeinsam am Aufbau einer umfassenden Wissensbasis.
- Mechanical Turk von Amazon: In einem Zusammenspiel künstlicher Intelligenz und menschlichen Wissens werden Software-Projekte auf eine Masse von Hobby-Programmierern verteilt.
- InnoCentive von Eli Lilly: Über 90 000 Freizeitwissenschaftler arbeiten entgeltlich an Forschungsaufgaben, die unternehmensintern nicht gelöst werden können. Entgeltlich allerdings nur im Erfolgsfall, andernfalls war die zeitliche Investition in ein Projekt persönliches Risiko des Hobby-Forschers. Hier natürlich der wesentliche Unterschied zu bezahlter Tätigkeit." (Beispiele aus dem Wikipedia-Eintrag zu „Crowdsourcing" http://de.wikipedia.org/wiki/Crowdsourcing, downgeloadet am 9.5.2007, 8:18 Uhr)

Was hat Crowdsourcing mit Mundpropaganda zu tun? Zum einen entsteht Mundpropaganda innerhalb der Crowdsourcing-Projekte von selbst. Je nach Aufgabenstellung, die ein Unternehmen an die Öffentlichkeit oder eine geschlossenen Gruppe überträgt, entstehen Gespräche in weitreichendem oder kleinerem Ausmaß. Zum anderen entsteht Mundpropaganda als Gerede über das Projekt und kann daher dem Unternehmen insgesamt zu mehr Aufmerksamkeit verhelfen oder zu einer positiven Wahrnehmung des Unternehmens beitragen. Ein Crowdsourcing-Projekt kann eine große Sogwirkung entfalten und gerade deshalb, weil Mundpropaganda auch zur Verbreitung der Projektidee von den Teilnehmern genutzt wird, werden einem solchen Projekt auch geeignete Teilnehmer zugeführt.

Goldrausch als Crowdsourcing-Projekt. Das Rohstoffunternehmen Goldcorp nutzte „Crowdsourcing", um eine unprofitable Goldmine wieder in die Gewinnzone zu bringen. Die dem Unternehmen gehörende Red Lake Mine war lange unprofitabel. Es wurde zu wenig Gold gefunden und die Schürfkosten waren zu hoch. Jahrelang versuchte man, innerhalb des Unternehmens Methoden zu entwickeln, um mehr Gold zu finden. Irgendwann gestand man sich ein: Wir sind mit unseren Ideen am Ende, wir müssen Anstöße von außen bekommen. Das Unternehmen lobte einen Wettbewerb aus und stellte für die besten Ideen, wie man mehr Gold finden kann 575 000 Dollar Preisgelder zur Verfügung. Geologen – vom Laienschürfer und Hobbygeologen bis hin zum Wissenschaftler – beteiligten sich an dem Projekt und identifizierten 100 Fundstellen für Gold. 80 davon konnten profitabel abgebaut werden. Die Goldmine kam zurück in die Gewinnzone, die Goldförderung konnte um das Zehnfache gesteigert werden.

Fazit: Während Kundenclubs oder Kundenparlamente nur eine kleine Zahl besonders Interessierter einbeziehen, geht es beim Crowdsourcing um die Einbeziehung möglichst vieler. Crowdsourcing muss weitaus stärker mit materiellen Anreizen arbeiten, da der Anreiz für den Einzelnen zu einer kleinen Gruppe Ausgewählter zu gehören wegfällt. Crowdsourcing ist nicht unbedingt beziehungsstiftend. Die große Masse von Teilnehmern an Crowdsourcing-Projekten führt auch zu einer größeren Anonymität und daher auch einer schwachen Bindung der Teilnehmer am Crowdsourcing-Projekt untereinander.

Überlasse den Mitgliedern das Sozialisieren

Egal, ob Harley Davidson oder Apple Fan Clubs. Bei den erfolgreichsten Clubs bestimmen nicht die Unternehmen, sondern die Clubmitglieder selbst, wen sie aufnehmen und wie sie ihre Clubaktivitäten gestalten wollen. In Fan- oder Kundenclubs können Sie als gelegentlicher Sponsor oder Gastgeber auftreten, Sie können ihnen exklusive Angebote unterbreiten. Oder Sie geben ihnen Werkzeuge an die Hand, mit denen sich Ihre Kunden besser organisieren und besser zueinander finden. Wie man sinnvollen Nutzen für die Kunden stiftet, zeigen diese beiden Beispiele:

Kunden-helfen-Kunden-Forum. Telekommunikationsriese Siemens betreibt ein Customer-Care-Forum, bei dem sich Kunden gegenseitig helfen. Probleme mit den Telefonanlagen, Tipps für Klingeltöne – all das findet sich dort im Forum und meistens finden sich immer genügend Helfer, die einem bei dem Problem aus der Patsche helfen können.

Bevor Sie sagen: Frechheit, da erspart sich Siemens ja den notwendigen eigenen Service und Support! Falsch. Denn im Forum sind auch Siemens Mitarbeiter aktiv. Clever ist, wie sich Siemens hier die „Weisheit der Vielen" zunutze macht und den Prozess rund um Problemchen, Frust und technische Fragen so transparent macht, dass alle Kunden etwas davon haben.

Der China Business Club von KLM. Die niederländische Airline KLM bietet ihren Businesskunden an, Online-Businessclubs beizutreten, die destinationsspezifisch sind. So gibt es einen KLM Club China oder KLM Club Africa. Dort können alle KLM Kunden „netzwerken", die ähnliche Flugziele haben.

Die gute Idee dahinter: Wer häufig eine bestimmte Destination anfliegt, hat mit seinen Mitreisenden jede Menge gemeinsame berufliche oder auch private Interessen. Mit den Clubs erleichtert KLM den Passagieren sich auszutauschen und kennen zu lernen. Eine Business-Community, die weitaus mehr Nutzen bietet, als konventionelle Kundenclubs oder Kundenbindungsprogramme.

Communities zahlen sich aus

Dass Communities sich auch wirtschaftlich auszahlen, hat eine Untersuchung bei eBay ergeben. Community-Mitglieder machen mehr Umsatz. Interessant: Höhere Umsätze kamen nicht nur von den aktiven Community-Mitgliedern (Community-Enthusiasten), die Postings erstellten oder sich an Diskussionen beteiligten, sondern auch von den Lurkern (den „Lauschern im Hintergrund") wie man im Internetjargon die Leute nennt, die in Foren oder Blogs fleißig mitlesen, aber nur selten etwas zum besten geben.

„Lurker und Community-Enthusiasten boten doppelt so oft in Auktionen mit, gewannen bis zu 25 Prozent mehr Auktionen, zahlten Preise, die bis zu 24 Prozent höher waren und gaben insgesamt bis zu 54 Prozent mehr Geld aus als die Mitglieder einer Kontrollgruppe, die ohne Community-Anschluss agierte.

Die gestiegene Zahl von Käufen und Verkäufen durch Enthusiasten und Lurker erhöhte den Umsatz dieser Gruppe zwischen Mai 2005 und April 2006 um etwa 56 Prozent im Vergleich zum

Vorjahreszeitraum." (Quelle: Manager Magazin, downgeloadet am 14.11.2006, 11:09 Uhr, http://www.manager-ma gazin.de/harvard/0,2828,444216-2,00.html)

So klappen Fan-Programme

Ein Fan-Programm im Kundenkreis kennt ein paar ganz einfache Regeln. So bringen Sie es zum Erfolg:

Differenzierte Ansprache: In Ihrer Kommunikation dürfen Sie Fans nicht wie jeden x-beliebigen anonymen Kunden behandeln. Fans müssen eine Vorzugsbehandlung genießen. Aber bitte keine Rabattprogramme. Einkaufsvorteile, die Sie Ihren Fans gewähren, sollten vor allem Informationsvorteile sein.

Informationsvorsprung: Informieren Sie Fans noch vor anderen Kunden oder der Öffentlichkeit über Ereignisse in Ihrem Haus. Das können Umbauvorhaben, neue Produkte oder auch Sonderangebote sein. Wichtig ist nicht, dass Sie den Fans einen Rabatt exklusiv gewähren, sondern dass Sie Fans über Rabattaktionen vor allen anderen informieren.

Exklusiv-Einkauf vor dem Trubel: Eine Konstanzer Boutique für Damenmode hat es sich zum Prinzip gemacht, die besten Kundinnen einen Abend vor einer Rabattaktion oder der Vorstellung neuer Kollektionen zu informieren und exklusiv über ein persönliches Anschreiben einzuladen. Die Kundinnen konnten also in aller Ruhe die besten Stücke für sich auswählen – in entspannter Atmosphäre.

Informationstiefe: Geben Sie Ihren Fans mehr Informationen als anderen. Nein, bitte nicht mehr Prospektmaterial zusenden oder einen Redeschwall über die armen Fans ausschütten. Stellen Sie Informationsangebote bereit, die es einem Fan ermöglichen, nach seiner Wahl die Informationen zu vertiefen. Dies kann auf sehr einfache Weise durch reichhaltige Informationen auf Ihrer Website geschehen. Aber vor allem geschieht es durch gemeinsame Aktivitäten, zu denen Sie die Fans anregen können.

Der Berg-Produzent ruft: Auf dem Ravensburger Wochenmarkt gibt es einen Käseverkaufstand, den eine Familie aus dem Bregenzer Wald betreibt. Verkauft wird der Käse in den Wintermonaten – nämlich dann, wenn kein Almbetrieb herrscht. Im Sommer wird der Käse auf der Alm in 1 400 m Höhe hergestellt. Die Bauern laden während dieser Sommermonate die Kunden zu einem Besuch auf ihre Alm ein, wo sie bewirtet werden und den Vorgang der Käseherstellung kennen lernen können.

Rituale: Waren Sie jemals auf einem Konzert der Holzmichl-Band „de Randfichten"? Gehen Sie einmal hin. Sie werden dort zahlreiche Leute im Publikum entdecken, die zu bestimmten Textpassagen auch bestimmte Handbewegungen machen. Wenn Sie nicht wissen, was das sein soll, hat das durchaus seinen Sinn. Denn die eingefleischten Fans haben sich längst in den Sinn dieser Rituale eingeweiht. Sie als Neuling brauchen noch einige Zeit, bis Sie die Geheimnisse erfahren dürfen. Rituale haben den Sinn Gruppen zusammenzuschweißen und Außenstehende fernzuhalten – dies unterscheidet den echten Fan vom gelegentlichen Konzertbesucher. Denselben Sinn haben Rituale unter den Fans im Wirtschaftsleben.

Das geheime Menü: Bei der amerikanischen Fastfood-Kette In-N-Out gibt es ein so genanntes „geheimes" Menü. Das sind Burgervarianten, die auf keiner Karte stehen, aber von den Stammkunden wie selbstverständlich geordert werden. So gibt es den Burger „Animal Style" (Senf, Essiggemüse, extra Sauce und gegrillte Zwiebeln). Oder den „Wish Burger", eine vegetarische Variante (ohne Fleisch und Käse). Ausgedacht haben sich die Varianten dic Kunden selbst. Bei In-N-Out war man clever genug, diese Sprache und Rezeptvarianten der eingeweihten Stammkunden anzunehmen, aber sie nicht in die offizielle Speisekarte zu übernehmen. Man war aber auch clever genug, für jeden dieser Spezial-Burger einen Extraknopf an der Registrierkasse anzubringen.

5. Wer beteiligt sich an Mundpropaganda?

Zu einem Gespräch gehören immer mindestens zwei: einer, der redet und einer, der zuhört. Sender und Empfänger heißen die beiden in der Sprache der Kommunikationswissenschaft.

Wer sich die lange Liste der Bücher, Ratschläge oder auch Forschungsprojekte zum Thema Mundpropaganda ansieht, der stellt fest: Das Mundpropaganda-Marketing hat sich vor allem mit den Sendern befasst. Was veranlasst Menschen, Mundpropaganda zu betreiben? Was bringt sie dazu, ein Produkt zu empfehlen oder davon abzuraten? Haben Menschen, die besonders aktiv Mundpropaganda betreiben, andere Persönlichkeitsmerkmale als die weniger aktiven? Und wenn ja, wie lassen sich Menschen mit diesen Persönlichkeitsmerkmalen identifizieren? Oder kommt es auf diese Merkmale gar nicht an?

Bevor ich versuche, auf all diese Fragen eine Antwort zu geben, lassen Sie mich Ihre Aufmerksamkeit auf den vernachlässigten Part in der Mundpropaganda-Forschung lenken: den Empfänger. Ist es nicht der Empfänger, der im Mundpropaganda-Marketing der Erfolgsfaktor ist?

Derjenige, der eine positive Botschaft erhält, soll – zumindest aus Sicht der Unternehmen, die ihn erreichen wollen – zwei Dinge tun: er soll der Empfehlung, die er erhalten hat Glauben schenken und dann gefälligst kaufen. Wenn er das nicht tut, dann bitteschön, soll er doch wenigstens die positive Botschaft weitertragen.

Für den Fall, dass er eine negative Empfehlung erhalten hat, gibt es noch einen anderen frommen Wunsch. Nur lautet der völlig anders: Er soll der Empfehlung möglichst wenig Glauben schenken. Oder er soll sich zumindest an der negativen Mundpropaganda nicht weiter beteiligen.

Wie schwierig und ausweglos diese beiden letzten Wünsche auch sein mögen, aus Unternehmenssicht ist es völlig klar, dass Mundpropaganda-Marketing dazu Antworten geben soll. Dazu später mehr.

Die Sender in der Mundpropaganda

Natürlich sind die wichtigsten Personen bei der Mundpropaganda die eigentlichen Mundpropagandisten. Nämlich die, die Informationen über Unternehmen und Produkte in ihre Gespräche einbauen, die Nachbarn Tipps geben oder eine Bemerkung fallen lassen wie: „Bei VW gehen immer die Scheibenheber kaputt." Diese Aktiven haben in der Fachliteratur zahlreiche Namen erhalten:

- Markenadvokaten
- Hubs
- Botschafter
- Evangelisten
- Multiplikatoren
- Meinungsbildner
- Fans
- Vermittler
- Anführer
- Peers … Und viele mehr.

Natürlich sind diese Begriffe bei genauem Hinsehen nicht identisch. Es kommt darauf an, unter welchen Gesichtspunkten man Mundpropaganda analysiert und welche Wissenschaft als Inspirationsquelle für die Einteilung zur Seite steht. So sprechen diejenigen, die die Metapher der Netzwerktechnik anwenden von Hubs und Megahubs. Während unter dem Blickwinkel der Markentheorie eine Einteilung nach Markenadvokaten, Markenbewunderern und Markenverwendern unterschieden wird. Feinere Begriffe fördern feinere Unterscheidungen zutage. Wir nennen die Menschen, die Mundpropaganda betreiben Mundpropagandisten oder auch Botschafter, da sie ja eine Botschaft formulieren und weitertragen. Und immer dann, wenn wir bestimmte Aspekte der Mundpropaganda untersuchen, werden wir zu weiteren Werkzeugen, sprich Unterscheidungen, greifen.

Gibt es eine Empfehlerpersönlichkeit?

Einer von zehn Amerikanern sagt den anderen neun, was sie zu wählen und zu kaufen haben und in welchem Restaurant sie essen sollen. Das sind die „Influentials", so der Titel des gleichnamigen Buches von Edward Keller und Jonathan Berry. Doch wie finden Sie diesen einen unter den zehn anderen heraus? Oder wie finden Sie diejenigen 8 Millionen Deutsche, die den Rest der 80 Millionen Bevölkerung beeinflussen? Wenn Sie erfahren, dass das Autorenteam, das das Buch „Influentials" geschrieben hat, aus Marktforschern besteht, wird klar, welche Hilfe Sie benötigen, um die Erkenntnisse des Buches nutzen zu können. Breit angelegte Untersuchungen, Tausende von Befragungen, sind notwendig, um die Datenbanken der Marktforscher mit den nötigten Informationen aufzufüllen.

Zumindest in den USA ist dieser Ansatz weit gediehen und einige Unternehmen haben ihre Mundpropaganda-Marketing-Programme daraufhin ausgerichtet.

Wie sieht ein Eigenschaftenprofil von Empfehlerpersönlichkeiten aus? Zum Beispiel so:

Eigenschaften von Empfehlerpersönlichkeiten:
- Verfügen über zahlreiche Kontakte,
- Haben eine Anführerrolle im Freundeskreis,
- Sind häufig als Empfehlungsgeber aktiv,
- Gelten als geachtete oder geschätzte Personen.

Zweifel am Typus Empfehlerpersönlichkeit

Aber es gibt erhebliche Zweifel daran, ob es diese Empfehlerpersönlichkeiten, die manche Forscher und Autoren propagieren, überhaupt gibt. Denn kein Mensch ist ein Rundum-Empfehler, einer, der sich bei Autos genauso auskennt wie bei Lippenstiften oder Blumenzwiebeln. Die Tatsache, ob ich Empfehler werde oder nicht, hängt sehr stark davon ab, um welches Produkt es geht. Und was würde es Ihnen nützen, wenn sich einer dieser Influentials, der sich durch lautstarke Restaurantempfehlungen, politisches Gewicht und einen großen Freundeskreis auszeichnet, zu Produkten wie Baumaschinen oder Labormessgeräten äußern sollte?

Der mit Einschränkungen in der Konsumgüterbranche taugliche Ansatz bräuchte für die Business-to-Business-Welt andere

Daten – sprich andere Empfehlerpersönlichkeiten in der Datenbank.

Tatsächlich stützen die neuesten Untersuchungen auch die Vermutung, dass es je nach Produkt unterschiedliche Empfehlerpersönlichkeiten gibt: Den von den Autoren Edward Keller und Jonathan Berry propagierten Influential (eigentlich eine Art Superempfehler) gibt es nicht!

Jeder Mensch ein Botschafter, jeder Mensch ein Empfehler

Eine Studie des renommierten Marktforschungsinstitutes Mediaedge:cia kommt in einer viel beachteten Untersuchung („Where's Debbie?") zu dem Schluss, dass es nicht wenige Influentials sind, sondern dass die Mehrzahl der Bevölkerung für mindestens eine Produktkategorie als Empfehler/Botschafter fungieren. Übrigens haben die Autoren schon wieder ein neues Wort für die Botschafter erfunden. In ihrer Studie heißen sie Transmitter.

Diese Transmitter, wie sie genannt werden, gehören in ihrer jeweiligen Kategorie zu den starken Verwendern und sind dementsprechend gut informiert. Sie haben ein hohes Markenbewusstsein, achten verstärkt auf Werbung, nutzen die vorhandenen Kommunikationskanäle – wie auch das Internet – überdurchschnittlich. Transmitter, so die Autoren, haben ihre eigene Meinung, sind anspruchsvolle Verbraucher und scheuen sich nicht, Empfehlungen auszusprechen, ob nun für oder gegen ein Produkt.

Das bringt uns auf einen neuen Gedanken. Nämlich den, dass es besonders aktive Mundpropagandisten in Ihrer Branche, für Ihre Produktkategorie oder speziell für Ihr Unternehmen – ja vielleicht sogar auch nur für bestimmte Produkte Ihres Unternehmens gibt. Die Aufgabe wird sein, dies herauszufinden.

Die Antwort auf die Eingangs gestellte Frage „Gibt es Empfehlerpersönlichkeiten?" könnte also lauten: ja. Aber Sie müssen sie spezifisch für Ihr Unternehmen entdecken. Sie müssen nicht allgemeine Empfehlerpersönlichkeiten finden, sondern diejenigen, die die relevanten Empfehlerpersönlichkeiten für Ihr Business sind.

Fazit: Die Eigenschaften, die einen Menschen zu einem Empfehler machen, sind keine statischen Eigenschaften, sondern dynamische. Sie sind abhängig vom Produktinteresse, von Erlebnissen, von der Situation, vom Gesprächsanlass oder dem Gesprächsteilnehmer, ja sogar von der eigentlichen Gesprächsentwicklung im engeren Sinne.

Fehler bei Opel Astra. Blogger sind Empfehlerpersönlichkeiten. Aber für was genau? Ein Blog, das sich über einige Monate etabliert hat, wird einen Anteil von Stammlesern haben, die den Ausführungen und Empfehlungen des Bloggers Vertrauen schenkt. Dass es aber vielmehr darauf ankommt, für welches Produkt sie sich als Empfehler eignen, musste die Adam Opel GmbH erfahren, als sie einigen Bloggern das Angebot machte, einen Opel Astra vier Wochen lang zu testen – gegen eine Aufwandsentschädigung (Benzingeld, Parkgeld, Übernachtungskosten). Keiner unter den in der Bloggerszene beachteten und bekannten Blogger erwies sich als autoaffin – Bloggerin Pia schrieb in ihrem Weblog „Daily Pia" beispielsweise: „Als man auf mich zukam und fragte: ‚Hey, würdest Du da mitmachen?', wusste ich nicht einmal, um welche Marke, geschweige denn, um welches Auto es sich dabei handelt. Ich habe trotzdem ja gesagt, weil ich einfach Bock darauf habe, vier Wochen kostenlos mit einem neuen Auto durch die Gegend zu fahren. Wer hätte das nicht?" (http://www.dailypia.de/?p=1369, downgeloadet am 24.8.2006 16:55 Uhr) Entsprechend schwach waren die Testberichte. Außer der Kritik und Häme aus der Bloggerszene gab es kaum Reaktionen. Vor allem verfehlte die Aktion jegliche Wirkung auf mögliche Leser. Denn als Empfehler taugten die ausgewählten Blogger überhaupt nicht. Dafür hatten sie selbst zu wenig Interesse am Thema Auto und waren damit als Tester oder Testimonials disqualifiziert. Möglicherweise hatte sich Opel von der simplen Rechnung „Blogger = Reichweite" leiten lassen.

Welche Motive haben Mundpropagandisten?

Warum reden Menschen über Produkte, Kinofilme, nette Bedienungen oder unfreundliche Verkäufer? In den meisten Fällen wohl, weil es sich im Rahmen eines Gespräches einfach so ergibt. Weshalb geben wir eine Antwort, wenn wir um Rat gefragt werden? Warum versuchen wir Tipps zu geben, wenn wir der Meinung sind, eine besonders gute Erfahrung gemacht zu haben? Die Gründe sind ganz unterschiedlich:

Altruismus: Es macht einfach Spaß, einem anderen einen Tipp zu geben – ohne dass man dafür eine Belohnung erwartet. Genauso viel Spaß macht es, jemand vor dem Kauf eines Produktes zu warnen, indem man „negative" Mundpropaganda betreibt.

Involvement: Wenn der Kauf eines Produktes als wichtig angesehen wird, entweder weil von dem Produkt eine hohe emotionale Wirkung (Apple, Harley Davidson) ausgeht oder ich mich mit dem Produkt beschäftige, weil ich einen Kauf beabsichtige, ist das ein starkes Motiv, mich mit anderen über das Produkt auszutauschen.

Kaufprozesse beginnen bei höherwertigen Gütern weit vor dem eigentlichen Kaufakt. Wer ein Auto kaufen will, blättert in Autozeitschriften, nimmt Pressemeldungen oder auch TV-Werbung zum Produkt stärker wahr als bisher, redet mit Freunden und besucht eines oder mehrere Autohäuser.

Auch nach dem Kauf wirkt das Involvement. Man beschäftigt sich noch eine ganze Weile mit seinem Kauf und will womöglich sich selbst bestätigen das Richtige gekauft zu haben, indem man die positiven Eigenschaften des Gekauften vor anderen bewusst herausstellt.

Selbstdarstellung: Kein Zweifel – wer immer gute Tipps geben kann, kann sich vor Freunden und Bekannten profilieren.

Informationsinteresse: Das bedeutet nichts anderes, als dass man interessiert ist, über außergewöhnliche Nachrichten zu sprechen.

Gruppenwärme: Vor allem das Internet hat deutlich gemacht, dass wir uns gerne in Gruppen mit Gleichgesinnten zusammenfinden. Soziale Motive, obwohl von der Mundpropagandaforschung bisher wenig beachtet, sind offenbar eine der Haupttriebfedern zu reden. Gleichgesinnte haben gleiche Interessen. Das sich Menschen gerne in Vereinen, Clubs, Clustern, Stämmen organisieren, dürfte Grund dafür sein, dass es heute zu beinahe jedem Thema ein Blog oder ein Forum gibt. Man tut sich zusammen, weil Zusammengehörigkeit ein echtes Bedürfnis ist.

Sympathie: Sympathie für das Unternehmen oder ein bestimmtes Produkt ist ebenfalls ein starkes Motiv darüber zu reden. Kein Wunder, dass Unternehmen versuchen, sich beliebt zu machen.

Häufig tun sie das, indem sie sich nicht nur mit dem Verkauf ihrer Produkte beschäftigen, sondern für bestimmte gesellschaftliche Anliegen eintreten. Anita Roddick, Gründerin von Body Shop, hat die Sympathien von Millionen Käuferinnen und Käufern gewonnen, weil sie auf Tierversuche verzichtete. Anstatt übliche Werbung zu machen, warb sie für soziale Einrichtungen und Initiativen.

Sympathie ist immer auch mit den Frechen und Kleinen. Deshalb sind erfolgreiche Newcomer häufig ein bisschen vorlaut: Die Provokationen des Ryan Air Chefs gegen die Großen der Luftfahrtbranche nutzen das Schema David gegen Goliath. Und ist es nicht so, dass er als Preisbrecher für eine gute Sache kämpft? Nämlich dafür, dass sich jeder eine Flugreise leisten kann. Was in der Politik als Populismus bezeichnet wird, kann von Unternehmen geschickt als Technik verwendet werden. Sie müssen es nur verstehen, sich als Anwalt der Konsumenten zu profilieren.

„Kunden wollen Marken, die ihren Kopf und ihren Bauch ansprechen, die sie verstehen, die ihre Bedürfnisse, Werte, Maßstäbe und Träume kennen. Sie wollen keine Marke, die sagt: ‚Pech gehabt, das ist nicht unsere Strategie', sondern sie wollen Marken, die ihnen zurufen: ‚Verrate uns, was Du willst und wir machen es zu unserer Strategie'", sagte schon vor Jahren Faith Popcorn, US-Trendforscherin zum Konzept der so genannten Love Marks.

Negative Mundpropaganda, die Rache der Frustrierten

Für negative Mundpropaganda gibt es – neben den oben genannten – noch weitere Motive. Denn ein Fehlkauf oder Ärger mit einem Produkt oder Anbieter bringt die Leute deshalb zum Reden, weil sie den Ärger oder Frust dadurch abbauen können. Je mehr Sie jemand verärgern, desto mehr wird er vermutlich schlecht über Sie reden.

Übrigens hegen viele der Frustrierten sogar Rachemotive (Telekomhasser-Buch). Und in sehr vielen Fällen will man durch negative Äußerungen über ein bestimmtes Produkt auch ein Gespräch einleiten, an dessen Ende man hofft, eine positive Empfehlung zu erhalten. „Ich bin mit meinem Auto total unzufrieden. Wie ist denn eigentlich deines?"

Botschafter und ihre Funktion in Ihrem Mundpropaganda-Marketing-Programm

Im Gegensatz zu den zahlreichen Klassifizierungen von Botschaftern, die in der Literatur mal Evangelisten, mal Peers, Hubs oder Influentials heißen, können Sie zur Klassifizierung der Botschaftertypen einen für Sie relevanteren, weil pragmatischen, Ansatz zur Unterscheidung wählen. Differenzieren Sie die Botschafter doch nach der Funktion, die sie in Ihrem Mundpropaganda-Marketing-Programm haben.

Typ A: Das Testimonial

Wir glauben Leuten mehr, die dabei waren, die einem Ereignis als Augen- oder Ohrenzeuge beiwohnten. Die ein Produkt selbst getestet haben oder die es im Alltag verwenden.

Testimonials sind die glaubwürdigsten unter den Mundpropagandisten. Testimonials müssen uns ihre Meinung gar nicht aufdrängen. Wir suchen gezielt nach ihnen. Kennt jemand einen guten Zahnarzt in der Gegend? Weiß jemand, wo es die beste Pizza gibt? Kann mir jemand einen Klempner empfehlen? Wir sind ein bisschen enttäuscht, wenn wir hören: „Nein, bei dem Arzt war ich selbst noch nicht. Aber ich habe gehört, er soll gut sein." Wir versuchen im Alltag sogar Klugschwätzer im Bekanntenkreis von denen, die wirklich Bescheid wissen, zu unterscheiden, indem wir die Killerfrage stellen: „Hast du es selbst erlebt?"

Jeder Ihrer Kunden ist so ein Testimonial. Selbst wenn er nicht über Ihr Unternehmen spricht: Die Wahrscheinlichkeit, dass er gefragt wird, ist groß. Und dass sein Urteil über Sie mehr Gewicht hat, als die Aussagen, die Sie über sich selbst machen, dürfte eigentlich klar sein, oder?

Und im Internet – die meisten Foren wären so gut wie tot, wenn es keine Testimonials gäbe, die von ihren freud- oder leidvollen Erfahrungen berichten.

Typ B: Der Experte

Besonders unsere TV-Medienlandschaft lebt von Experten. Ich meine tatsächlich lebt – denn in TV-Studios finden sich heutzutage meistens Experten ein. Die Bundesregierung beispielsweise ist umstellt von Experten. Und das Polittheater wird von einer Mitspieltruppe inszeniert, zu der neben den Politikern, den fragenden Journalisten, dem ahnungslosen oder aufgebrachten Mann (oder der Frau) aus dem Volk auch mindestens ein oder zwei Experten gehören. Wozu braucht man die eigentlich?

In der Politinszenierung dienen sie dazu, die Gegenpositionen eloquent und quasi „beweiskräftig" zu untermauern. Und die Experten für bestimmte Produkte und Dienstleistungen? Sie zeichnen sich dadurch aus, dass sie sich mit ganz bestimmten Themen, ihrem Fachgebiet und den dort zu kommentierenden Vorkommnissen, Produkten oder Services intensiver als andere beschäftigen.

Im Alltag billigen wir die Expertenrollen ganz bestimmten Personen zu – wir vertrauen der Empfehlung eines Arztes, wenn es um Gesundheitsthemen geht, insbesondere vertrauen wir den Empfehlungen, die ein Arzt in seinem privaten Umfeld zu diesen abgibt.

Wir vertrauen jemand, der sich beruflich oder privat einem bestimmten Thema leidenschaftlich widmet. Bei Produktempfehlungen auch dann, wenn er dieses Produkt nicht verwendet. So wissen wir, dass uns ein Filmfreak bei der Auswahl eines Filmtitels oder ein Büchernarr auch dann gut beraten kann, wenn es darum geht, einen passenden Film oder ein passendes Buch für unsere Oma vorzuschlagen.

Der Experte greift auf eine weitaus größere Kenntnis zurück, als die, die uns selbst zur Verfügung steht. Deshalb wird er uns einen guten Ratschlag geben.

Typ C: Der Multiplikator

Menschen, die viel reden, finden meistens auch mehr Zuhörer als andere. Ihr Potenzial: Sie können ein und dieselbe Geschichte ein paar Dutzend Leuten erzählen. Oder ein paar Hunderttausend. Und im Bereich der digitalen Medien können sie sich ein weltweites Publikum verschaffen.

Diese Multiplikatoren haben nicht zwangsläufig Produkterfahrung, sind aber an den Nachrichten über Ihr Unternehmen, seine Produkte und Aktivitäten interessiert. Darunter sind Journalisten, Blogger, Hobbykritiker, aktive Forumsmitglieder oder auch so genannte Trolle (Beitragsschreiber, die nur provozieren wollen). Ob sich die Gespräche um einen Lippenstift, ein Musikvideo oder einen verrückten viralen Spot drehen – Multiplikatoren haben entweder einfach Spaß an der Kommunikation oder sie tun das aus beruflichen Gründen.

Und in der Offline-Welt, dem, was viele gerne als das „reale Leben“ bezeichnen? Dort sind die Multiplikatoren weitaus schwieriger zu finden. Kennen tun wir sie alle: der Herren-Friseur, der gerne ein Schwätzchen hält und mit seinen Kunden je nach Interesse über Autos, Sport, Lokalpolitik, Grillpartys oder das Wetter spricht. Er ist beileibe kein Experte auf all diesen Gebieten – er redet einfach mit. Weil er über eine Vielzahl von Kontakten verfügt, kann ein Friseur ein wichtiger Botschafter für Ihr Mundpropaganda-Marketing sein.

Typ D: Der Konnektor

Hier stelle ich Ihnen jemand vor, der nicht unbedingt über eigene Erfahrungen mit Ihrem Produkt verfügt. Auch niemand, der sich publizistisch besonders hervortun muss. Er muss nicht besonders mitteilungsfreudig sein. Er ist dennoch für Ihr Mundpropaganda-Marketing wichtig. Denn der Konnektor hat Zugang zu Gruppen oder Netzwerken, zu denen Sie auch Beziehungen knüpfen möchten. Der Konnektor ist so eine Art Beziehungsstifter.

Konnektoren sind die Anführer in der jugendlichen Peer-Group; die Leute, die beim Kongress am Rednerpult stehen oder den einflussreichen Berufsverband führen. Konnektoren sind Promis wie Sportler, Film- oder Popstars. Ihr Statement im Rahmen der Mundpropaganda ist häufig gar nicht verbal. Es reicht, wenn sie Ihre Produkte tragen oder verwenden – das ist Empfehlung genug.

Aber auch der vorhin erwähnte Friseur ist ein Konnektor – wenn Sie also Zugang zu einer männlichen Kundschaft im Alter von zwölf bis 100 Jahren suchen, kann er Ihnen womöglich helfen.

Entdecken Sie die für Sie relevanten Botschafter

Für eine praktische Umsetzung von Mundpropaganda-Maßnahmen sind aber ganz andere Fragen wichtig. Sie lauten:
- Gibt es Leute, die bereits Mundpropaganda für mein Produkt machen?
- Wie erkenne und finde ich sie?
- Wie kann ich sie motivieren und unterstützen?

Auf die erste Frage gibt es nur eine Antwort. Sie lautet: ja. Ich wünsche es Ihnen jedenfalls. Sollten sie dennoch mit Nein antworten – mein Beileid. Womöglich ist Ihr Unternehmen bereits tot. Oder Sie sollten schleunigst auf die Intensivstation. Doch halt! Auch diese Konstellation ist denkbar: Sie können sich nicht vorstellen, dass es diese Menschen gibt? Was nicht weiter verwunderlich ist. Denn es sind wenige.

Bitte seien Sie nicht allzu verwundert, wenn der Prozentsatz der aktiven Empfehler rund um Ihr Unternehmen und seine Produkte und Dienstleistungen so klein ist.

Empfehler sind immer in der Minderheit – auch wenn Sie direkt in Ihrem Kundenkreis nach ihnen suchen. Das hängt unter anderem davon ab, dass nur wenige Menschen derart kommunikativ oder bereit sind, sich die Mühe zu machen, ihre Empfehlungen anderen mitzuteilen.

Wie erkenne ich die Leute, die Mundpropaganda machen? Wer sind Ihre Empfehler?

Der amerikanische Mundpropaganda-Experte Andy Sernovitz hat eine einfache Liste erstellt, anhand derer Sie Ihre Empfehler erkennen können.
- Glückliche Kunden
- Online-Aktivisten
- Logo-Träger
- Hochmotivierte Mitarbeiter
- Zuhörer
- Fans (und Sammler)
- Professionelle

Das gibt erste Anhaltspunkte, wer diese Empfehler sein könnten, verrät Ihnen aber noch nicht, mit welchen Methoden Sie diese entdecken können.

Methode 1: Botschafter entdecken mit der Fragebogenmethode

In vielen Mundpropaganda-Programmen steht die Methode einer Befragung am Anfang. Sie soll neben Daten zur Person vor allem deren Potenzial und Eignung als Mundpropagandist ermitteln. Fragebogen wie der nachfolgende werden z. B. von der amerikanischen Mundpropaganda-Agentur Tremor eingesetzt, um Empfehler zu gewinnen. Ein typischer Fragebogen sieht so aus:

Fragebogen/Eignungsprüfung als Botschafter

Wie sehr stimmen Sie den folgenden Aussagen zu? (1 = stimme voll und ganz zu, 5 = stimme ganz und gar nicht zu)

- Meine Freunde und Bekannte schätzen mich als Informationsquelle oder Ratgeber zu Produkt XY.
- Ich rede häufig mit Freunden und Bekannten über Produkt XY.
- In den letzten Monaten habe ich häufig über Produkt XY gesprochen.
- Wenn ich zu Produkt XY gefragt werde, kann ich eine Menge Informationen geben.
- Wenn über Produkt XY diskutiert wird, überzeuge ich meistens meine Diskussionspartner.

Das Ganze klingt ein bisschen wie die Gesinnungsprüfung bei einem Einbürgerungstest. Mal ehrlich: Wenn ich für eine Marketingaktion als Mundpropagandist gewonnen werden möchte, dann wüsste ich, dass ich jedes Mal mit Ja antworten müsste. Nachteil dieser Fragebogenmethode ist: Fragebogen wie diese sind leicht durchschaubar und manipulierbar.

Fragebogen kann man auf der Website einsetzen – sie richten sich dann sowohl an Kunden als auch an Interessenten und potenzielle Kunden. Sie können natürlich auch per E-Mail an den bestehenden Kundenkreis verschickt werden.

Methode 2: Botschafter entdecken mit der Beobachtungsmethode

Es ist relativ einfach, Beobachtungen online durchzuführen und potenzielle Botschafter zu finden. Die Eingabe von Schlüsselbegriffen bei den gängigen Suchmaschinen gibt Ihnen klare Hinweise. Dazu müssen sich nichts weiter tun, als täglich die Suchmaschinen zu befragen oder sich per Abo die neuesten Suchergebnisse zustellen zu lassen.

Im Web suchen lassen

Suchergebnisse bei Google können Sie abonnieren, wenn Sie den Service Google Alerts nutzen (http://www.google.com/alerts?hl=de). Einen Google Alert erstellen Sie ganz einfach, indem Sie den gewünschten Suchbegriff eingeben, Ihre E-Mail-Adresse angeben und festlegen, wie häufig Sie über Fundsachen zu diesem Begriff informiert werden möchten: einmal täglich, bei jeder Aktualisierung oder wöchentlich. Sie können auch auswählen aus welchen Bereichen des Internets Sie Suchergebnisse wünschen: aus News, News und Internet, Web oder Groups.

In Blogs suchen

Speziell für die Suche nach Stichwörtern in den über 55 Millionen Blogs weltweit bietet Google eine Google Blog-Suche an. Sie finden diese unter http://www.google.de/blogsearch?hl=de.

Darin kann man beispielsweise gezielt auswählen, ob man den Suchbegriff in den Titeln von Weblogs, in Überschriften oder Kommentaren oder in der URL suchen möchte. Leider lässt sich diese Blog-Suche nicht abonnieren!

Ebenfalls hervorragend zum Durchsuchen von Blogs ist die Website Technorati.com (http://www.technorati.com) geeignet.

In Foren suchen

Benutzen Sie Google oder eine andere x-beliebige Suchmaschine und geben Sie zusätzlich zu dem Sie interessierenden Stichwort auch den Begriff Forum ein. Sie finden dann als Ergebnis Forumsbeiträge, in denen das Suchwort auftaucht.

Suchwerkzeuge, die Sie bei der Internetrecherche unterstützen: Die nachfolgenden Websites gehören zu den wichtigsten Suchwerkzeugen, wenn Sie herausfinden wollen, welche Nachrichten über Sie, Ihre Wettbewerber oder jedes andere Thema in Online-Medien, Foren oder Weblogs verbreitet werden:

- http://www.feedster.com
- http://www.technorati.com
- http://www.icerocket.com
- http://www.google.com/blogsearch
- http://www.blogpulse.com
- http://spaces.msn.com
- http://news.yahoo.com
- http://news.google.com
- http://search.msn.com/news
- http://www.pubsub.com

Nachdem Sie nun festgestellt haben, in welchen Foren, Blogs oder auf anderen Websites über Ihr Produkt gesprochen wird, können Sie die entsprechenden Seiten genauer unter die Lupe nehmen. Wer sind die Betreiber, wer moderiert in einem Forum welche Gruppe, welche Mitglieder sind besonders aktiv? Wer gibt besonders viele Statements ab – als Rezensent, Kritiker etc.?

Lesen Sie Foren oder Blogs über einen längeren Zeitraum als beobachtender Teilnehmer! Es geht nicht nur darum zu entdecken wer die relevanten Akteure sind, sondern auch, welche Spielregeln es für den Umgang innerhalb eines Forums oder das Erstellen von Beiträgen gibt. Erst dann sind Sie vorbereitet, sich in die dort laufenden Gespräche einzuschalten.

Botschafter offline entdecken

Im Netz ist es einfach, aber im realen Leben? Da wird es oft schwer, die potenziellen Empfehler zu entdecken, da sie weniger leicht aufzufindende Spuren hinterlassen.

Am ehesten auffindbar sind die Menschen, die sich bereits engagieren – weil sie in Verbänden, Vereinen oder Fanclubs aktiv sind. In vielen Unternehmen werden diese Aktiven aber überhaupt nicht registriert – selbst wenn sie mit den Unternehmen in Kontakt treten.

Der vergessene Fan. Deutschlands größter Chrysler Fan – er besitzt selbst fünf verschiedene Chrysler Modelle und ist Gründer und Vorsitzender des Chrysler Freundeskreises Deutschland – gab einem Reporter des Handelsblattes gegenüber zu Protokoll, dass viele E-Mails, die er an das Unternehmen schrieb, unbeantwortet blieben. Ein einziges Mal habe das Unternehmen eines der alljährlichen Jahrestreffen unterstützt, indem es einen Karton voller Chrysler Jacken spendierte. Die T-Shirts zum Jahrestreffen für die 50 Clubmitglieder musste der Fanclub-Vorsitzende aus eigener Tasche bezahlen. Bei Chrysler hieß es dazu: Man habe eben nicht genug Personal, um sich um deutsche Fanclubs zu kümmern. (Quelle: Christoph Nesshöver im Handelsblatt vom 4.4.2007)

Wie Sie selbst ein Botschafterprogramm starten

Die erste Frage, wenn Sie ein Botschafter-Programm starten, kann nicht lauten: Was sollen diese Botschafter weiterverbreiten? Die erste Frage muss lauten: Wie kann ich das Vertrauen der Botschafter gewinnen?!

Die meisten Viral-Marketing-Programme blenden diese Frage völlig aus. Sie meinen, es käme allein auf die Ausgestaltung der Botschaft an, damit sie sich in Windeseile verbreitet. Das Ergebnis solcher Programme sind dann lustige Websites oder oftmals sehr krasse Filme, von denen man denkt, sie seien spektakulär genug, damit alle Welt darüber redet und sie weiterverbreitet. Beim Aufbau des Vertrauens geht es aber um die Stiftung einer Beziehung zu den Umworbenen.

Das Gute am Mundpropaganda-Marketing ist dabei, dass Sie den Vertrauensaufbau nicht zu allen Mitgliedern eines Netzwerks selbst erarbeiten müssen. Es reicht, wenn Sie das Vertrauen einiger wenigen gewinnen, die für Sie als Botschafter fungieren. Sie übertragen neben den sicht- und messbaren Elementen, wie z. B. die Weitergabe einer E-Mail oder einem Bekenntnis zur Marke, auch das Vertrauen, das sie selbst in der Gruppe genießen, auf Ihre Marke bzw. Ihr Produkt.

- Werden Sie Mitglied der Gruppe.
- Initiieren Sie die Bildung einer Gruppe.
- Gründen Sie eine Gruppe.

Motivation und Stimulation – das unvergleichliche Gefühl Teil eines einzigartigen Projekts zu sein

Der absolute Starbucks-Fan. Der Amerikaner Winter hat sich vorgenommen, jedes Starbucks Café auf der Welt persönlich aufzusuchen und dort einen Kaffee zu trinken. Auf der Website http://starbucks everywhere.net dokumentiert er diese Besuche mit Bild und Text. Um mit dem rasanten weltweiten Wachstum der Kaffeekette mitzuhalten (Starbucks eröffnet jeden Monat 40 neue Cafés irgendwo auf der Welt), absolviert er Hunderte Besuche jährlich und brachte es schon auf 29 Becher Kaffee an einem einzigen Tag. Harter Job. Wenn Sie dahinter einen bezahlten Überträger vermuten, liegen Sie falsch. Anfangs reagierte das Unternehmen sogar irritiert auf den Mann, der sich zu einer Werbeikone ganz eigener Art hochstilisiert. Er hat über 30 000 Dollar aus eigener Tasche für seine Leidenschaft aufgebracht – und ist gegen Ende des Jahres 2006 noch lange nicht am Ziel: Er hatte erst rund die Hälfte der bis dahin existierenden 12 000 Starbucks Cafés besucht.

Fazit:
- Botschafter engagieren sich freiwillig, ohne jemals von einem Unternehmen dazu stimuliert worden zu sein.
- Botschafter sind hoch motiviert.
- Botschafter werden durch einzigartige Erlebnisse belohnt.
- Erlebnisse zählen mehr als materielle Belohnungen.

In einem wirtschaftlich handelnden Unternehmen mag der Gedanke, dass sich Menschen freiwillig und ohne den Wunsch einer materiellen Entlohnung für eine Sache engagieren befremdlich sein. Oft ist die Versuchung groß, doch ein kleines Prämiensystem einzuführen. Widerstehen Sie der Versuchung!

Botschafterprogramme funktionieren dann schlechter, wenn Sie die Belohnung zu groß wählen. Warum? Zum einen verlieren die Botschafter ihre Glaubwürdigkeit bei anderen, da sie dafür entlohnt werden. Zum anderen verengen Sie den Blick der Botschafter auf den eigenen materiellen Vorteil. Ein Umstand, der die echte Begeisterung killt und die Botschafter unglaubwürdig macht.

Also keine materiellen Belohnungen? Doch. Materielle Belohnungen haben eine sinnvolle Funktion, wenn Sie das Produkt ins Spiel bringen, um das es geht. Die Überlassung von Testgeräten oder Warenmustern ist ebenso sinnvoll wie die Gewährung eines kleinen Einkaufsrabatts.

Die Hamburg Ambassadors. Die Hansestadt Hamburg geht neue Wege in der Vermarktung ihrer Stadt als Wirtschaftsstandort. Sie hat ehrenamtliche Botschafter bestellt, die so genannten Hamburg Ambassadors. Im Rahmen einer feierlichen Ernennung werden diese vom Senat ausgewählt und mit einer Ernennungsurkunde geehrt. Es handelt sich um ehemalige Hamburger, die nun dauerhaft im Ausland leben und sich bereit erklären, ihre Heimatstadt dort zu repräsentieren. Was sie dabei tun: Sie erwähnen die Stadt in ihrem privaten Umfeld bei Freunden, Bekannten, Geschäftspartnern. Sie vertreten die Stadt bei offiziellen Anlässen. Und sie führen selbst einmal im Jahr einen so genannten Hamburg-Abend an ihrem ausländischen Wohnsitz durch. Sie sind auch wichtige Ratgeber bei Auslandsaktivitäten der Stadt – etwa, wenn es um die Planung und Durchführung von Auslandsmessen, Tagungen und Kongressen geht.

Die Neun-Monats-Botschafterinnen. In wenigen Jahren wuchs die Modemarke Bellybutton (http://www.bellybutton.de) von einem Nebenerwerbsunternehmen zu einer florierenden Firma heran. Das in Hamburg ansässige Unternehmen stellt Umstandsmode für Schwangere, Pflegeprodukte und seit kurzem auch Baby- und Kleinkindmode her. Beim Aufbau der Marke mussten sie notgedrungen auf klassische Werbung verzichten. Zu viel Geld! Stattdessen nutzten sie ein Botschafterprogramm und erfanden die Bellymamas. Zwei bis dreimal jährlich werden etwa 250 Schwangere zu Botschafterinnen der Marke ernannt. Diese werben bei Müttern, Kinderärzten, Gynäkologen, Apothekern, Hebammen und in Spielwarenläden für das Unternehmen, verteilen Warenproben und Broschüren. Als Gegenleistung erhalten sie regelmäßig Überraschungen von Bellybutton und können mit 20 % Rabatt einkaufen. Markenaufbau ohne teure Anzeigen – eine Erfolgsidee und das, obwohl die Zielgruppe alle paar Monate neu beschafft werden muss. Denn Umstandsmode trägt man ja nur wenige Wochen.

Auszüge aus dem Botschafterprogramm von Bellybutton
„In unserer bellymama Aktion wählen wir regelmäßig Freundinnen unserer Marke zu bellybutton-Botschafterinnen. Sie unterstützen uns

darin, bellybutton bei Schwangeren und Müttern noch bekannter zu machen – und sie geben uns wertvolles Feedback zu unseren Produkten und Ideen.

Hier findest du Antworten auf die wichtigsten Fragen zum Thema bellymama:

Wie werde ich eine bellymama?!
Zwei- bis dreimal jährlich werden Bewerbungsrunden ausgeschrieben. Du kannst dich noch bis 15. März 2007 für die aktuelle Aktion bewerben. Die nächste Runde wird dann im Herbst 2007 losgehen. Es können alle in Deutschland lebenden Schwangeren und Mütter teilnehmen. Das Bewerbungsformular findest du im Bewerbungszeitraum hier auf der bellybutton Website.

Wichtig: Sollten sich mehr bellymamas bewerben, als Plätze vorhanden sind, entscheidet das Los. Die Gewinnerinnen werden von bellybutton schriftlich benachrichtigt. Der Rechtsweg ist ausgeschlossen.

Was genau macht eine bellymama?
In unserer Aktion werden 250 bellymamas für die Dauer von vier Monaten zu Botschafterinnen unserer Marke ernannt. Auf ihren täglichen Wegen als (werdende) Mütter berichten sie von bellybutton, z. B. bei anderen Müttern, Kinderärzten, Gynäkologen, Apothekern, Hebammen, in Spielwarenläden etc. Sie verschenken z. B. Proben von bellybutton-Produkten und Broschüren. Dabei ist kaum zusätzlicher Zeitaufwand nötig – eine bellymama hat viele Kontakte, die es ermöglichen, bellybutton mit wenig Aufwand weiterzuempfehlen und uns dabei zu helfen, bei Schwangeren und Müttern noch erfolgreicher zu sein. Wir suchen dich: als Freundin unserer Marke und Botschafterin unserer Philosophie!

Welche Voraussetzungen sollte ich mitbringen?
Wir von bellybutton finden, Schwangerschaft und Mutterschaft gehören zu den schönsten Phasen im Leben einer Frau. Wenn du das genau so siehst, wenn du selbst leidenschaftlich gern Mutter wirst oder bist, wenn du unsere Produkte kennst und weißt, dass bellybutton alles tut, um die Zeiten von Schwangerschaft und Mutterschaft noch schöner zu machen – dann zögere nicht und nimm an unserer Aktion teil!

Was habe ich von meinem Engagement?
bellymamas genießen exklusive Vorteile: Sie erhalten regelmäßige Überraschungen von bellybutton und können mit 20 % Rabatt bei uns einkaufen. Als Botschafterin von bellybutton erhältst du immer

wieder bellybutton-Produkte als Geschenke zum Ausprobieren, und bellybutton versorgt dich regelmäßig mit interessanten News rund um uns, unsere Produkte und natürlich zu den Themen Schwangerschaft und Mutterschaft.

Bin ich als bellymama bei bellybutton angestellt?
bellymama zu sein begründet kein Anstellungsverhältnis. bellymamas sind Freundinnen unserer Marke – sie sind bellybutton gegenüber nicht zu einer bestimmten Leistung verpflichtet. Sie empfehlen bellybutton weiter – weil sie selbst überzeugte Verwenderinnen sind. Ihre Tätigkeit lässt sich vergleichen mit einer freiwilligen Freundschaftswerbung für einen Club oder ein Magazin." (Quelle: http://www.bellybutton.de, downgeloadet am 10.3.2007, 14:59 Uhr)

Elf Tipps für Ihr erfolgreiches Botschafterprogramm

(1) Starten Sie kein Botschafterprogramm ohne begeisterte Kunden. Denn nur die Begeisterung ist die tragende Motivation, sich für ein Unternehmen zu engagieren.
(2) Halten Sie materielle Belohnungen klein. Anreizsysteme, die auf materielle Belohnungen setzen, haben höchstens einen unangenehmen Nebeneffekt - sie laden zum Nebenverdienst ein und locken die Falschen an.
(3) Intensivieren Sie den Kontakt zu den Botschaftern - halten Sie sie mit wöchentlichen Mailings auf dem Laufenden.
(4) Bringen Sie die Botschafter in Kontakt - etwa durch ein internes Forum, in dem sie sich austauschen können. Auch der Austausch mit Gleichgesinnten kann eine wichtige Motivationshilfe sein.
(5) Zeigen Sie, was Botschafter tun können. Übergeben Sie ihnen Anregungen, wie man wirksam für Ihre Marke wirbt.
(6) Machen Sie die Botschafter zu Kennern und Insidern der Marke. Botschafter müssen immer top informiert sein. Das geht nur, indem sie genügend Informationsmaterial über Ihr Unternehmen bekommen. Sorgen Sie dafür, dass Botschafter mehr wissen als andere - geben Sie ihnen exklusive Informationen.
(7) Prämieren Sie die besten Botschafter. Das belohnt diese und spornt die anderen an.

(8) Treffen Sie sich mit Ihren Botschaftern mindestens einmal jährlich persönlich.
(9) Kleine Geschenke erhalten die Freundschaft. Und beflügeln die Botschafter. Kleine Überraschungen wirken weitaus mehr, als ein allzu großzügiger Einkaufsrabatt.
(10) Motivieren Sie Ihre Botschafter auch zu Kontaktberichten. Das macht die Zusammenarbeit verbindlicher und verhilft Ihnen zu wertvollen Einblicken in die Vorlieben Ihrer Kunden.
(11) Eine Alternative zu einem Einkaufsrabatt sind Vermittlungsprovisionen. Auch diese sollten nicht zu hoch sein – um die Botschafteridee nicht zu verwässern. Es geht nicht um einen Zweiterwerb, sondern um ein freiwilliges Engagement aus Überzeugung.

Fazit: Da sich Botschafter persönlich engagieren, sind sie sehr überzeugende Vertreter Ihrer Marke. Obwohl Botschafter nicht als Verkäufer agieren, zeigt das Botschafterkonzept sehr gute Verkaufserfolge.

Der ideale Botschafter: Anton aus Tirol

Skilehrer wie der Anton aus Tirol sind ideale Mundpropagandisten. Seine Schüler, seine Freunde und Bekannten orientieren sich bei der Auswahl ihrer Produkte an dem, was er an Ausrüstung verwendet. Mit Sicherheit wird er gefragt, welchen Ski er empfiehlt, aber auch welche Mütze, welche Sonnenbrille, welche Sonnencreme usw. er verwendet.

Er ist höchst glaubwürdig, hat genügend Gelegenheit als Multiplikator zu dienen und fungiert darüber hinaus als Verbindungsmann zum Netzwerk der Skifahrer. Er ist der Allroundtyp des idealen Botschafters. Sozusagen ein Super-Überträger. Wen wundert es, dass dieser Anton seine Ausrüstung in den seltensten Fällen selber kaufen muss – er wird während der Saison mit zahlreichen Testski versorgt. Je nachdem welche Vorlieben er hat von einer oder gar von mehreren Marken.

Wir wollen nicht verschweigen, dass es ähnliche Superüberträger in zahlreichen anderen Branchen gibt, die Sportartikelbranche weiß mehr darüber. Ein Riesenthema ist freilich das Pharma-Marketing, denn da geht es von Anfang an darum, den Arzt als Übermittler zu nutzen, damit er die Produkte der Hersteller an die Patienten bringt - per Verschreibung versteht sich. Dass diese Art von Mundpropaganda-Marketing oftmals wie geschmiert verläuft, haben zahlreiche Politmagazine bereits aufgedeckt. Wir brauchen hier nicht weiter darauf eingehen.

Empfehler = Käufer? Eine Gleichung, die nicht stimmt

Es gibt Menschen, die sprechen mit höchstem Respekt von Ihren Produkten. Würden sie aber höchstwahrscheinlich in den nächsten Jahren nie kaufen. Denken Sie an Kinder und Jugendliche, die schon ganz genau wissen, welche Automarke sie später fahren wollen.

Denken Sie an die Menschen, die Prada und Gucci kennen, oder an die Millionen Ferraristi in aller Welt. Für die meisten dieser Fans und Empfehlerpersönlichkeiten wird es möglicherweise ein Traum bleiben, jemals eines dieser Produkte zu kaufen. Aber sie helfen Ihnen gern, die Anerkennung und den Mythos, den Ihre Marke umgibt, aufrecht zu erhalten.

Ein großer Teil der Leute, die positiv über Ihr Produkt sprechen, werden es nicht kaufen. Mag sein, dass sie es nur bewundern und Ihnen das Geld für die Anschaffung fehlt. Das gilt nur für einen Teil dieser Leute. Andere brauchen es gar nicht. Sei es, weil sie es bereits gekauft haben - sie haben ihren Bedarf also schon gedeckt. Sei es, weil sie es möglicherweise nie brauchen - so wie Ärzte, die Tausende von Tipps zur gesunden Lebensweise und zu speziellen Arzneimitteln geben können, ohne jedes selbst zu benötigen.

Im Mundpropaganda-Marketing geht es also auch darum, Menschen als „bloße Überträger“ einzubinden.

Product Placement oder der Papst als Prada-Botschafter

Sie haben Glück, wenn Sie für Ihr Unternehmen Botschafter finden, die alle vier Funktionen als Multiplikatoren, Konnektoren, Experten und Testimonials erfüllen können. Popstars und andere Prominente erfüllen sehr häufig alle Funktionen. Es reicht daher aus, sie mit Produkten Ihres Unternehmens - womöglich gut sichtbar - auszustatten. Kaum ein Promi oder seine weniger prominente Begleitung, die für einen der großen Bälle oder TV-Auftritte nicht von Unternehmen mit Kleidung, Schuhen, Schmuck ausgestattet werden. Über Fotos oder TV-Berichte verbreiten sich diese Nachrichten dann immer weiter bis zum Stammtischgerede oder dem Plaudern unter Freunden. Einige Highlights aus den letzen Jahren gefällig: der Ex-Bundeskanzler Schröder trug gerne Brioni-Anzüge, der Papst Benedikt XVI. wurde in Prada-Schuhen fotografiert und sowohl Karl Lagerfeld als auch die britische Königin gaben an, über einen oder gleich mehrere iPods zu verfügen.

Im Marketing ist die Technik, in Filmen, Musikvideos, Büchern, Shows etc. die eigenen Produkte zu platzieren, als Product Placement bekannt.

Stars

Eine der besten Möglichkeiten Mundpropaganda und Kaufanreize auszulösen ist es, Stars mit den entsprechenden Kleidungsstücken, Accessoires etc. auszustatten. Im Kinder- und Jugendmarketing geht ohne diese Strategie so gut wie gar nichts. Vor allem Kinder und Jugendliche versuchen den Modestil und das Outfit von Stars zu kopieren.

Es ist dazu gar nicht nötig, auf die entsprechenden Kleidungsstücke explizit hinzuweisen, die Kids finden das von selbst heraus. Musikvideos werden so lange seziert - mithilfe der Einzelbildschaltung oder der Pausentaste am Videoplayer - bis klar ist, welches T-Shirt, welche Mütze, welche Goldkette, welches Armband, welche Turnschuhe „mein Star" trägt. Warum denken Sie, haben die amerikanischen Rapper ihre Finger in allen möglichen Modelabels drin oder gründen gleich selbst welche? Rapstar Jay-Z gehört da zu den Großverdienern - angeblich brachte ihm sein inzwischen verkauftes Modelabel Rocaware 700 Millionen US Dollar jährlich ein.

Inzwischen geht das Spiel „Welche Sachen trägt mein Star?" mit Hilfe des Internets ein bisschen einfacher. Eine Suchmaschine wie Like.com (http://www.like.com) hilft dabei – sie analysiert Starfotos nach den dort abgebildeten Produkten und präsentiert die Online-Shops, bei denen man sie kaufen kann. Like zeigt einfach die Dinge, die ihnen am ähnlichsten sind. Eine Fundgrube für Uhren, Schuhe, Taschen und Schmuck.

Musik und Musikvideos

„I can tell around the block how sexy you are
I drink Red Bull so I keep stamina.
Grind With Me, Pretty Ricky

Met her at a beauty salon
With a baby Louis Vuitton
Under her underarm“
Gold Digger, Kanye West ft. Jamie Foxx

Musikvideos sind die perfekte Plattform im Kinder- und Jugendmarketing, um Produkte zu platzieren, über die Kids sprechen und die sie kaufen. Musikvideos sind aber auch eine perfekte Informationsquelle dafür, wie „in“ es generell ist, über eine Marke zu sprechen. Die Frage: Wird meine Marke in Liedtexten erwähnt oder ist sie nicht der Rede wert?

American Brandstand. Eine amerikanische Agentur hat sich damit beschäftigt, welche Marken wie häufig in Musiktiteln genannt werden. Nun fertigt sie jedes Jahr einen Report, der die meist genannten Markennamen und die Auf- und Absteiger dokumentiert.

Amerikanische Hiphopper erweisen sich da als Markenfetischisten und machen die Marken, die sie erwähnen – und häufig auch selbst nutzen – cool. American Brandstand heißt die Untersuchung. Sie konzentriert sich auf die Songs, die in den Top 25 der Hitparaden gelandet sind. Spitzenreiter im Jahre 2005 war Mercedes mit 100 Nennungen, gefolgt von Nike mit 63 Nennungen. Im Vorjahr waren noch Lexus und Honda in – ein Jahr später waren sie aus den Top-Listen verschwunden. Übrigens: rund 40 % der Hits enthielten Markennamen.

Interessant sind solche Untersuchungen solange die Musiker ihren Gedanken und Markenpräferenzen noch frei ausdrücken – wenn Textzeilen gekauft oder gesponsert werden, dann handelt es sich um Werbung und nicht um Mundpropaganda.

Bezahlte Mundpropaganda

Aus der klassischen Werbung sind wir gewohnt: wann immer Unternehmen den Verbraucher auffordern etwas zu tun - sei es einen Fragebogen ausfüllen, um an einer Marktforschung teilzunehmen, sei es an einer Abstimmung mitzumachen oder sich an der Namensfindung für ein neues Maskottchen zu beteiligen –, es muss eine Belohnung dafür geben.

Und so gibt es die Chance diesen oder jenen Preis zu gewinnen, an einer Verlosung teilzunehmen oder einen Gutschein in Höhe von 5 Euro zu ergattern. Amazon tut Letzteres recht effektiv, um die Teilnehmer von Online-Umfragen zu belohnen. Sollen wir Menschen dafür bezahlen, dass sie positiv über uns sprechen? Die Antwort lautet: Nein! Warum denn nicht? Weil Sie damit Ihren Botschafter unglaubwürdig machen. Die Kraft, die positive Mundpropaganda für Unternehmen hat, besteht darin, dass Empfehlungen aufgrund persönlicher Überzeugung weitergegeben werden und nicht weil der Empfehler damit etwas verdient.

Fleißpunkte für Agenten. Die amerikanische Firma BzzAgents hat mehrere Tausend Freiwillige, die sich über die Website als Agenten registrieren ließen und sich verpflichtet haben, Produkte zu testen und sie anschließend in ihrem privaten oder beruflichen Umfeld zu promoten. Das Unternehmen hat sich dazu ein Belohnungssystem aus Punkten ausgedacht – je nachdem wie fleißig der Agent war, wächst das Punktekonto. Die gesammelten Punkte können dann gegen Prämien eingetauscht werden. Das Erstaunliche: Die Mehrzahl der Punktguthaben wurde nicht eingelöst. Viele der „Agenten“ gaben an, dass sie auf materielle Anreize verzichten können, weil sie nicht das Motiv sind, sich an Mundpropaganda-Arbeit zu beteiligen.

Fazit:
- Mundpropaganda wird durch Boni, Rabatte, Prämien usw. kaum stimuliert.
- Empfehler/Botschafter sind Überzeugungstäter.
- Übertragen und Überzeugen macht ihnen Spaß.
- Vorherrschend sind soziale Motive: der Wunsch zu helfen, sich auszutauschen und die Anerkennung von Freunden für einen guten Tipp.

Die Grenzen der Käuflichkeit

Selbst wenn Sie Mundpropagandisten/Botschafter in Ihrem Mundpropaganda-Programm bezahlen, verpassen Sie ihnen keinen Maulkorb für Kritik. Außerdem: Stellen Sie sich darauf ein, dass Sie jederzeit nicht nur mit Lob, sondern auch mit Kritik rechnen müssen – egal, ob Sie Ihre Botschafter bezahlen oder nicht. Wieder liefern die BzzAgents ein gutes Beispiel.

Als es im Rahmen einer Kampagne darum ging, für eine offensichtlich schlecht verarbeitete Kaffeemaschine Mundpropaganda zu machen, stellte man den Agents diese Kaffeemaschine zunächst erwartungsvoll zur Verfügung. Allerdings kam das Produkt bei den Teilnehmern überhaupt nicht an. Sie stellten fest: Die Kaffeemaschine verliert Wasser und Dampf und produziert anstelle von aromatischem Kaffee eine kaum schmeckende Brühe. Die Konsequenz daraus: Einige äußerten sich gar nicht zum Produkt. Andere warnten sogar vor den schlechten Eigenschaften der Kaffeemaschine.

Machen Sie den Botschaftern keine Konkurrenz

Der größte Fehler, den Unternehmen begehen, ist es, den Botschaftern Konkurrenz zu machen. Denn sobald eine Nachricht an allen Ecken und Enden gehört werden kann, lohnt sich für den Botschafter die Mühe nicht mehr sie weiterzugeben. Viele Unternehmen haben versucht, die erfolgreiche Kampagne für den Film „The Blair Witch Project“ zu kopieren. Den wenigsten ist es gelungen. Hauptgrund ist, dass die Macher nicht ausschließlich auf Mundpropaganda vertrauten, sondern zeitgleich massive Werbung einsetzten. Massenwerbung killt Mundpropaganda weitaus häufiger, als dass sie sie stimulieren kann.

Die erfolgreichste Produkteinführung, die Pepsi Cola jemals machte, war die Einführung der Limonade Mountain Dew Code Red, die Mountain Dew-Variante mit Kirschgeschmack. Mountain Dew Code Red ging ohne massive TV-Werbung an den Start. Allerdings eher unfreiwillig als geplant. Denn die geplanten TV-Spots wurden nicht rechtzeitig fertig. Um nicht länger warten zu müssen, entschloss sich Pepsi das Getränk auf einigen Märkten auch ohne die begleitende Werbung einzuführen – mit sensationellem Erfolg. Ein Glück für Unternehmen, dass manchmal auch etwas schief geht. Heute folgen zahlreiche andere Getränkehersteller dem Beispiel, Produkte auf leise Art in den Markt einzuführen, weil sie damit die Kommunikation über das Produkt fördern und eine Nachfrage erzeugen, die von selber stetig wächst.

Nutzen Sie die Gunst der Stunde

Im Jahre 2006 tauchten auf den einschlägigen Videoplattformen im Internet seltsamen Filme auf, die als Mentosfontäne in die Werbegeschichte eingingen. Sie zeigten Fontänen, die aus Plastikflaschen spritzen und mit stimmungsvoller Musik unterlegt zu wahren Wasserballetts komponiert wurden.

Irgendwelche Verrückte hatten herausbekommen, dass man nur fünf bis acht Mentos-Kaubonbons in eine große Diet-Coke-Flasche füllen müsse, und dann spritzt das Zeug in meterhohen Fontänen wieder heraus. Das Ganze entwickelt sich zu einem weltweiten Massenphänomen. Mehrere Hunderttausend Treffer gibt es zu den Begriffen Mentos Geysir oder Mentos Fontäne. Und es waren mehr als 300 Menschen, die das Experiment wiederholten, einen Film davon drehten und ihn ins Internet stellten. Ist das Werbung für ein Produkt? Nun, es hat nichts mit den bisherigen Produktaussagen zu tun. Dachte sich wohl auch Coca-Cola und versuchte anfangs die Verbreitung dieser Filme zu verbieten.

Klüger reagierten die Hersteller von Mentos – sie zeigten sich amüsiert von den Amateurfilmen. Immerhin werden da viele Mentos verbraucht! Sie nutzten die Gunst der Stunde und riefen sogar einen eigenen Wettbewerb für die besten Fontänen ins Leben. Damit handelten sie zweifellos richtig.

Laut Hersteller Perfetti Van Melle, der sich in Sachen Mentos auf ein weltweites Jahresbudget von 20 Millionen Dollar für Werbezwecke beschränkt, wird der Wert der kostenlosen Kampagne auf immerhin 10 Millionen Dollar geschätzt. Die Fachzeitschrift Horizont berichtete von einem Verkaufsplus von 15 % am Ende des von Mentos durchgeführten Wettbewerbs. (Horizont, 18.1.2007)

Machen Frauen mehr Mundpropaganda?

Dass Frauen mehr reden und Männer schlechte Zuhörer sind, ist ein Klischee, das in Männer- und Frauenwitzen bemüht wird. Aber ist was Wahres dran? Auf Vorträgen zum Thema Mundpropaganda ist es mir schon des Öfteren passiert, dass die Männer staunen, wenn sie von der Kraft der Mundpropaganda erfahren. Und die Frauen kommen nach dem Vortrag zu mir und sagen, so neu sei das alles doch gar nicht. Frauen würden sich generell einfach viel mehr austauschen. Natürlich frage „frau" ihre Freundin, bevor sie Produkt x oder y ausprobiere. Wer als männlicher Beobachter eine Internetrecherche anstellt und dabei in ein Forum gerät, in dem Menstruationsbeschwerden, Vaginalpilze oder Orgasmusprobleme diskutiert werden, könnte durchaus der Meinung sein: Frauen reden mehr. Sie reden schließlich auch über intime Dinge. Aber andererseits gibt es 180 deutschsprachige Foren, die sich allein dem liebsten Männerspielzeug widmen: dem Auto.

Wo also sind signifikante Unterschiede? In einer Untersuchung des amerikanischen Marktforschungsunternehmens Keller Fays aus dem Jahre 2006 traten ein paar Unterschiede zutage: 58 % der Frauen halten es für wahrscheinlich, dass sie die Empfehlungen, die sie via Mundpropaganda erhalten haben, auch selbst weitergeben. Bei den Männern sind es nur 51 %. Auch die Wahrscheinlichkeit, dass die empfohlenen Produkte gekauft werden, ist bei Frauen leicht höher als bei Männern (55 % zu 47 %). Gleiche Werte gab es auf die Frage für wie glaubwürdig Frauen und Männer Mundpropaganda halten (ebenfalls 55 % zu 47 %). Das alles sind so geringe Unterschiede, dass die Behauptung, Frauen würden mehr Mundpropaganda betreiben als Männer wohl kaum aufrecht zu erhalten ist.

Von Peer-Groups und ihren Anführern – Mundpropaganda im Kinder- und Jugendmarketing

Als Peer-to-Peer-Marketing hat Mundpropaganda-Marketing seit langem in die Welt der Kinder- und Jugendprodukte Einzug gehalten. Wie sonst soll man eine Altersgruppe erreichen, die, wenn es um die Jüngsten – zum Beispiel Kinder im Vor- und Grundschulalter – geht, kaum des Lesens und Schreibens mächtig ist.

Selbst die Jugendlichen erreicht man kaum noch über Zeitungen und Zeitschriften. „Die Bravo-Kids" wurde mal eine frühere Generation genannt – zu Zeiten, als die Lektüre dieser Jugendzeitschrift noch als wichtiges Übergangsstadium vom Kind zum Pubertierenden gelten konnte. Die Bravo-Kids sind Cyber-Kids, die das Internet und die SMS zu den Hauptmedien in ihrem Alltag machen. Die neuen Medien haben Allroundfunktion: sie dienen zum Spielen, Lernen, sich Informieren, zum Flirten und Kommunizieren.

Marken, die Kinder und Jugendliche erreichen wollen, müssen allerdings mehr tun als nur die gleichen Medien wie die Kids benutzen. Sie müssen Zugang zur Welt der Kinder und Jugendlichen finden. Denn auf das, was Kinder und Jugendliche konsumieren, haben die Eltern nahezu keinen Einfluss – der Einfluss der Gleichaltrigen ist viel stärker. In Sprache, Verhalten, Vorlieben und der Art und Weise wie sie sich kleiden, differenzieren sie sich nicht nur von den Erwachsenen, sondern auch von anderen Jugendlichen.

Das übliche Zielgruppenmarketing, das sich nach Alter, Geschlecht und Höhe des Einkommens oder Taschengeldes richtet, findet im Kinder- und Jugendmarketing schon lange keine Anwendung mehr. Die Peer-Groups finden aufgrund zahlreicher, von außen oft schwer zu durchschauender, Merkmale zueinander.

Im Peer-to-Peer-Marketing geht es daher zunächst darum:
- Gruppen zu identifizieren.
- Das Verhalten dieser Gruppen zu studieren.
- Die Anführer herauszufinden.
- Ein Programm zu starten, das sich rund um die Anführer aufbaut.
- Die Gruppe mit einzigartigen Initiativen zu unterstützen.
- Methoden zu entwickeln, damit die Kids das Marketing selbst übernehmen können.

Die Rolle der Empfänger

Wenn wir eingangs in diesem Kapitel gefragt haben, was jemanden motiviert Mundpropaganda zu betreiben, dann müssen wir jetzt ebenso fragen: Was motiviert Leute zuzuhören?

Für eine große Anzahl von Gesprächen über Produkte und Unternehmen können wir gar kein besonderes Motiv feststellen: Es passiert einfach. Die Leute unterhalten sich über Marken, Produkte und Unternehmen wie über das Wetter. Und die Leute fragen auch! Sie fragen nach einem guten Hals-Nasen-Ohren-Arzt, nach dem besten Kindergarten für ihre Kinder oder nach einer Autowerkstatt, die gut und günstig arbeitet. Es existiert geradezu eine heftige Nachfrage nach Empfehlungen. Das Internet befriedigt sie. Immer wieder zeigen Untersuchungen wie erstaunlich hoch der Prozentsatz der Konsumenten ist, die sich vor einer Anschaffung im Internet informieren. Mindestens jeder Zweite in Deutschland tut das. Mindestens! Eine bereits 2005 durchgeführte Studie von Overture Services Deutschland und dem Online-Marktforscher comScore Networks zum Thema „Die Rolle des Internets im Entscheidungsprozess beim Autokauf" stellte fest, dass 80 % der Automobilkäufer vor dem Autokauf das Internet als Informationsquelle befragt haben.

Dabei schneiden die Unternehmen besonders gut ab, die eine Menge Fürsprecher, also positive Mundpropaganda, haben. Denn die positiven Fürsprachen können den Kaufprozess unmittelbar beeinflussen.

Wann können Empfehlungen wirken?

Das ist eine Frage, die ich im Zusammenhang mit dem Mehrwert der Mundpropaganda bereits versucht habe zu beantworten. Denn der Grund, warum Mundpropaganda wirksam ist, liegt nicht nur allein im Inhalt der Botschaft. Sondern auch in der Beziehung, die ich zu dem Tippgeber habe.

Wir sind uns ähnlich, stimmt's?

Je ähnlicher sich die beiden Gesprächspartner sind, je mehr sie in ihren Vorlieben und Einstellungen übereinstimmen, desto leichter kommen sie auch zu Übereinstimmungen, wenn es um einen Produkttipp geht. Jemand, dem ich mich ähnlich oder verwandt fühle, schenke ich offenbar mehr Glauben. Auch Informationen werden gezielt bei solchen Personen eingeholt, denen man sich ähnlich fühlt. Machen Sie dazu einfach mal einen Selbsttest: Fragen Sie in einer fremden Stadt einen Passanten nach einem Restaurant, in dem Sie gut essen können. Mit nahezu 100-prozentiger Sicherheit werden Sie den besten Tipp von dem erhalten, der Ihnen in Kleidungsstil und Auftreten am ähnlichsten ist. Es war natürlich besonders geschickt von mir, das Beispiel Restaurant zu wählen – denn an diesem sozialen Ort organisieren sich die Gäste wie von selbst zu einer Gemeinschaft von Leuten, die mehr oder weniger gut zueinander passen.

Der kennt sich eben aus

Expertentum ist eine Sache, die einem Tipp eine ganze Menge Nachdruck verleiht. Wer über mehr Information verfügt, wer sich mit dem Produkt auskennt, weil er es selbst benutzt oder wer von anderen als Experte tituliert wird, ist ein gefragter Tippgeber. Und er ist jemand, dessen Tipps man Glauben schenkt.

Ja wenn mein Freund das sagt!

Man fragt um Informationen vorzugsweise bei den Leuten an, zu denen man eine stärkere Beziehung hat. Und vor allem schenkt man denen mehr Glauben. Das wird im Internet-Zeitalter immer wichtiger. Der Blogger Jörg Bueroße schildert das in einem Blogeintrag recht typisch:

> „Im Reise-Meinungsportal suche ich nach einem Reiterhof für meine Tochter auf Mallorca. Beim Reiterhof in El Arenal spalten sich jedoch die Meinungen der selbsternannten Experten. So findet Petra: ‚Ich als gute Reiterin und auch mein Mann als Anfänger waren begeistert …‘
>
> Joana jedoch findet zum gleichen Reiterhof: ‚Versprechungen werden hier nicht erfüllt. GEFÄHRLICH! Sattelausrüstung ist alles andere als neu.‘
>
> … Äh, ja was denn nun? Soll ich da jetzt hingehen oder lieber nicht? Ist Petra vielleicht beim Reiterhof angestellt und findet deshalb alles so toll? Oder hat Joana einfach ’nen schlechten Tag und womöglich

mit Ihrem Freund Stress gehabt? Auch bei manch anderen Themen scheiden sich die Geister. Wer hat denn jetzt Recht? Wem glaube ich? Werde es wohl selbst herausfinden müssen. Oder mal 'nen Bekannten fragen, der schon mal da war. Der ist für mich dann glaubwürdiger, weil ich den schon lange kenne." (Quelle http://bb.haus.de/hausblog4/?p=37, downgeloadet am 14.1.2007, 10:46 Uhr)

6. Welche Rolle spielen klassische und neue Medien?

Bis vor wenigen Jahren sah man Mundpropaganda ausschließlich auf das persönliche Gespräch beschränkt. Wie hätte man es auch anders sehen können?! Die vor der Erfindung des Internets verfügbaren Medien wie Zeitungen und Zeitschriften, Rundfunk oder Fernsehen standen den Menschen ja nur als Konsumenten zur Verfügung. Dass, was in diese Medien Einzug finden konnte, in Reportagen oder Nachrichten, unterlag einer mehr oder weniger strengen Auswahl durch die dort angestellten Redakteure. Zu den ungeschriebenen Gesetzen des Journalismus gehört es auszuwählen, welche Nachricht für die Zuschauer, Zuhörer oder Leser interessant sein könnte. Und Bestandteil des beruflichen Ehrenkodexes war es - und ist es bis heute - Nachrichten nur dann zu veröffentlichen, wenn sie aus sicheren Quellen vorliegen. Mundpropaganda war identisch mit Dingen, die man vom Hörensagen kennt. Eine Quelle dafür gibt es nicht, denn selbst wenn der Redakteur etwas von seinem Hausnachbarn gehört hat, taugt der als Quelle nicht. Er hat es schließlich wiederum von einem anderen gehört. Wenn die Mundpropaganda also als Quelle nichts taugt, können ihre Erkenntnisse kaum in den traditionellen Medien vorkommen.

Was uns beim Thema „Medien und Mundpropaganda" interessiert:

- Können Medienberichte Mundpropaganda auslösen?
- Findet Mundpropaganda Eingang in Medienberichte?
- Gibt es Storys, die sowohl Mundpropaganda als auch Medienberichte auslösen? Mit anderen Worten: Erzählen Medien und Menschen manchmal die gleichen Geschichten?

Wie kommen die Nachrichten in die Nachrichten?

Welche Nachrichten sind es wert, gedruckt oder gesendet zu werden? Das lernen Journalisten bereits im Studium oder im Volontariat. Wenn man nachfolgende Liste mal durchgeht, kann man unschwer feststellen, dass die Kriterien dafür in vielen Fällen die gleichen sind wie die Kriterien für wichtige Informationen oder gute Geschichten, die wir unseren Freunden und Bekannten erzählen.

Ist das eine Nachricht wert? Wie Medien den Nachrichtenwert von Ereignissen checken:

- Was ist das Ereignis?
- Ist es aktuell?
- Passt es zu anderen Themenfeldern?
- Steht es auf der aktuellen Agenda?
- Ist es überraschend oder wärmt es lediglich altbekannte Tatsachen auf?
- Wie leicht ist das Thema zu vermitteln?
- Ist das Thema einfach geschildert?
- Lässt sich das Thema gut illustrieren/visualisieren?
- Lässt sich das Thema an Personen festmachen?
- Sind Prominente betroffen?
- Wie groß ist die gesellschaftliche Bedeutung?
- Geht von dem Ereignis ein nennenswerter Schaden oder Nutzen aus?
- Birgt es Zündstoff für Kontroversen oder Konflikte?
- Lässt sich das Thema emotional verpacken?
- Wie groß ist seine Dimension?
- Sind die Leser betroffen – durch räumliche, zeitliche, kulturelle oder soziale Nähe?
- Ist es den Lesern wichtig?
- Können sich die Leser damit identifizieren?
- Sind es wichtige Service-Informationen, z. B. zu Geldanlage, Wetter, Verkehr, Gesundheit?
- Trägt es zur Entspannung, Zerstreuung bei?
- Bedient es den Voyeurismus oder die Sensationsgier?
- Bietet es Sex and Crime?
- Betrifft es menschliche Ängste (Kriminalität, Katastrophen, Existenzängste)?

Frei nach: Benjamin Fretwurst' Magisterarbeit „Nachrichtenwert und Rezipienten"

So muss es einen nicht wundern, dass es Storys gibt, die wir und die Medien gleichermaßen gerne erzählen. Nehmen wir nur mal Harry Potter. Wie bereitwillig Massenmedien an Storys mitwirken, die helfen, jedes Buch aus der Potter-Serie zu einem Mega-Erfolg zu machen, ist für Außenstehende nur noch verblüffend. Das Faszinierende am Thema Harry Potter scheint zu sein, dass Journalisten, die darüber berichten wollen, auf der sicheren Seite sind. Sie können gleich mehrere Kriterien ihres Nachrichtenwertmodells abklopfen und abhandeln:

- Ist es den Lesern wichtig? Ja. Millionen Leser warten schon sehnsüchtig auf die nächste Ausgabe.
- Können sich die Leser damit identifizieren? Ja. Millionen Leser muss man als Harry Potter-Fans charakterisieren und sie identifizieren sich natürlich mit den Hauptfiguren.
- Bietet es Unterhaltung? Zweifellos! Das Buch bietet Unterhaltung vom Feinsten.
- Bietet es Sex and Crime? Klar steckt das Buch voller Crime. Und alle Welt wartet darauf, wann der pubertäre Harry Potter endlich Sex hat.
- Befriedigt es den Voyeurismus? Ja, in Maßen. Zumindest wissen wir, dass die Autorin eine von der Tellerwäscherin- zur Millionärin-Karriere hingelegt hat.

Und das war nur eine unvollständige Liste. Ich wette, Sie finden noch mehr Antworten darauf.

Nahezu alles, was im Vorfeld eines neuen Erscheinungstermins nach außen dringt, bietet Stoff für Medienstorys und Fan-Geschichten: die Spekulationen um den Fortgang der Handlung, die Sicherheitsvorkehrungen beim Druck der Exemplare, die Nachricht, dass in die Druckerei eingebrochen wurde oder illegale Raubkopien von Harry Potter-Bänden beschlagnahmt wurden, die Tatsache, dass die Autorin keine Medieninterviews gibt, sondern sich nur von einer Schulklasse interviewen lässt, die Kritik konservativer Pädagogen oder der Kirche am Harry Potter-Stoff sorgen für Zündstoff, Kontroverse und Konflikte.

Buzz – wenn Medien und Mundpropaganda vom Gleichen sprechen

Es gibt Storys, die sich sowohl für die Mundpropaganda als auch die Medien eignen. Amerikanische Marketingprofis bezeichnen solche Storys als Buzz. Und Buzz-Marketing als die Kunst solche Storys zu erfinden. Buzz hat so gigantische Ausmaße, dass man meint, alle Welt spricht davon. Und kein Mensch kann mehr genau sagen wie es eigentlich angefangen hat. Dabei ist es oftmals völlig gleich, ob diese Storys in einem klassischen Medium ihren Ausgang nahmen oder ob Journalisten Mundpropaganda aufgeschnappt haben. In jedem Falle ist an einer richtigen Buzz-Geschichte jeder irgendwie beteiligt und alle Beteiligten schaukeln sich gegenseitig hoch. Während ich dies schreibe, redet gerade alle Welt von Knut dem Eisbären. Das Fernsehen widmet ihm täglich Sondersendungen. Die Tageszeitungen berichten ständig und Knut-Produkte schießen wie Pilze aus dem Boden: Haribo bringt den „Knuddel-Knut'sch" aus Schaumzucker auf den Markt. Die Margarete Steiff GmbH nimmt einen Plüsch-Eisbären ins Sortiment auf. Und Kontoinhaber der Berliner Volksbank können eine „Hauptstadt Zoo Bank Card" mit dem Bild des Eisbärenbabys bestellen. Wen wundert es da noch, dass manche Berliner ihre Mails mit „Viele Grüße aus der Knut-Hauptstadt" unterzeichnen?

Die Million-Dollar-Homepage. Der britische Student Alex Tew hatte eine ungewöhnliche Idee sein Studium zu finanzieren. Er wollte Werbebanner im Internet verkaufen. Das allein war nichts Ungewöhnliches. Banner gab es schon längst. Ungewöhnlich war wie klein diese Banner waren: Er teilte eine Homepage in 1 Million Pixel auf. Dann verkaufte er jedes Pixel für 1 USD. Über diese Story berichteten Hunderte von Medien und Tausende von Online-Journalisten, Blogs und private Websitebetreiber. Bei Google gibt es zu dem Suchbegriff 1,3 Millionen Suchtreffer! Nach wenigen Monaten gelang – dank dieser gewaltigen Unterstützung von Medien und Mundpropaganda – das verrückte Vorhaben: Eine Million Pixel waren verkauft!

Wie sich Apple 400 Millionen sparte. Auch die Firma Apple profitiert von der Aufmerksamkeit, die ihr Medien und Fans gleichermaßen widmen. Eine simple, via Internet übertragene Produktpräsentation war der Auslöser für eine vorher nie da gewesene Aufmerksamkeit für das neue iPhone-Handy. Der Harvard Professor David Yoffie hat ausgerechnet, dass diese Produktpräsentation via Internet dem Unternehmen kostenlose Publicity im Wert von 400 Millionen US Dollar gebracht hat. Errechnet wurden dabei nur die Einsparungen, die das Unternehmen in klassischen und Online-Medien erzielt hatte, weil es redaktionellen Raum erhielt, anstatt dafür Werbeplätze buchen zu müssen. Kaum zu beziffern ist der Gegenwert, den die Mundpropaganda in privaten Gesprächen, E-Mails und Blogs auslöste.

Fazit: Es gibt Botschaften, die sich sowohl über Mundpropaganda als auch über die redaktionellen Inhalte der traditionellen Medien verbreiten. Buzz Marketing versucht solche Storys zu kreieren.

Wie man Buzz-Storys kreieren kann

Der amerikanische Autor Mark Hughes hat in seinem Buch „Buzz Marketing – Get People to talk about your stuff" die fünf wirksamsten Storys, auf die Medien anspringen, so beschrieben:

(1) **Die David-gegen-Goliath-Story.** Die Menschen sympathisieren immer mit den Kleinen und vermeintlich Schwächeren. Diese Sympathie für Davids wollen sich auch die traditionellen Medien zunutze machen, indem sie über die Davids schreiben, die sich vorgenommen haben, die Goliaths zu besiegen. Hier einige der David-gegen-Goliath-Storys der letzten Jahre: Ryan Air gegen Lufthansa, Bionade gegen Coca-Cola, Doc Morris gegen die gesamte Apothekenbranche.

(2) **Eine total verrückte Geschichte.** Vielleicht haben Sie ja schon die Geschichte von dem schwarzen Trauerschwan gehört, der sich in ein weißes Tretboot in Schwanenform verliebte. Seitdem die Geschichte im Frühjahr 2006 per dpa verbreitet wurde, ist sie kaum mehr totzukriegen. Und selbst als das Boot ins Winterlager musste, folgte der schwarze Schwan der Angebeteten. Inzwischen hat sich der verliebte Schwan als Schwänin entpuppt. Bei dem Tretboot muss es sich also um ein männliches Exemplar handeln.

(3) **Kontroverse.** Nichts ist interessanter als die Geschichten, die auch das Kino zeigt – Gut gegen Böse, good guy gegen bad guy. Auch die Politiker beherrschen das perfekt. Sie inszenieren beinah wöchentlich Streit, um ihre Themen in die Presse zu bringen. Erst ist die eine Partei dagegen und die andere dafür. Später wechseln sie vielleicht sogar die Meinung. Meis-

tens bekommen die Bösen übrigens mehr Aufmerksamkeit. Das wissen auch Sportler und manche inszenieren sich gekonnt als die Bösen. Alle Welt kannte John Mc Enroe – aber der brave Peter Sampras kam viel seltener in die Medien.

(4) **Stars und Sternchen.** Schlagen Sie einfach nur Deutschlands größte Tageszeitung auf und Sie werden mehr aus dem Leben von großen Stars und kleinen Sternchen erfahren als Ihnen lieb ist. Die einen haben Liebeskummer, die anderen einen Nervenzusammenbruch und Dieter Bohlen riskiert öfter mal, seinen kleinen Freund bei Überfällen oder Sexeskapaden zu verlieren. Promis stehen heute derart im Medieninteresse, dass für jedes Unternehmen, das sie anheuert, der Weg in die Medien gesichert ist.

(5) **Hängen Sie sich an heiße Themen dran.** Eine Zeit lang spricht jeder von der Klimakatastrophe, Monate später ist ein anderes Thema dran. Ein Jahr lang war Big Brother ein viel diskutiertes Thema – jetzt laufen die Sendungen von der Öffentlichkeit unbemerkt. Wenn Sie es schaffen, in kürzester Zeit eine Verknüpfung zwischen einem heißen Thema und Ihrem Unternehmen herzustellen, erhöht das Ihre Chance, in den Medien präsent zu sein.

Löst die klassische Werbung Mundpropaganda aus?

Schaffen es Anzeigen, TV-Spots oder Kinospots die Menschen zum Reden zu bringen? Gibt es Möglichkeiten, die klassischen Elemente der Werbung so zu gestalten, dass Werbebotschaften in die Mundpropaganda Einzug halten? Die Antwort lautet: Ja, manchmal.

Leider sind Beispiele wie die nachfolgenden äußerst selten. Sie kommen vielleicht ein bisschen häufiger vor als ein Sechser im Lotto, aber bleiben immer noch die große Ausnahme von der Regel.

Neue Frisur gefällig? Dem Münchner Autovermieter Sixt gelang im Jahre 2001 eine spektakuläre Anzeige. Obwohl sie nur in wenigen Medien geschaltet wurde, erlangte sie binnen kurzem eine solche

Berühmtheit, dass sich noch heute zahlreiche Spuren davon in den Medien finden. Es war eine Werbung für das Sommer-Produkt Cabrio. „Lust auf eine neue Frisur?“, fragte die Anzeige und zeigte ein Porträt von Angela Merkel, die damals bereits wegen ihrer schlechten Frisur verspottet wurde. Auf der gegenüberliegenden Seite hielten die Werber dann die Antwort parat und zeigten die spätere Bundeskanzlerin mit einer Sturmfrisur und dem dazu passendem Tipp: Cabrio fahren! Nur am Rande: Angela Merkel zeigte sich im Umgang mit der peinlichen Anzeige ganz souverän und hielt es für „eine interessante Idee für ein neues Haarstyling.“ (Nach Aussagen des Chefs der für das Motiv verantwortlichen Agentur ist diese Anzeige zu Gesamtkosten von unter DM 200 000 in zwei großen deutschen Zeitschriften erschienen und hat danach einen Werbewert durch Presseartikel sowie Radio- und Fernsehbeiträge von über 6 Millionen DM erzielt, was einer Rendite des eingesetzten Kapitals von mehr als 3 000 % entspricht.)

Am häufigsten löst Werbung Mundpropaganda über die Werbung selbst aus - selten über das Produkt. Das liegt aber an der Konzeption der Werbemaßnahmen. Denn es liegt daran, ob in einem Spot auch Produktvorteile beworben werden oder ob er nur dazu dient Aufmerksamkeit zu erregen. Bei der Anzeige von Sixt wusste man zweifelsfrei, dass mit diesen Anzeigen das Cabrio-Feeling beworben werden sollte. Die vom Wind zerzauste Frisur war eindeutig!

Frage: Warum schafft es Werbung dann so selten Mundpropaganda auszulösen? Antwort: Weil sie nicht daraufhin konzipiert wird.

Es geht doch! Wie man Anzeigen schafft, über die man spricht

Es ist nicht allzu schwer Anzeigen zu gestalten, über die man spricht. Man muss nur wissen wie man Medien, Kirchen oder Politiker provoziert und schon hat man es! Es gibt dabei nur ein Problem - die Gespräche betreffen meistens nur die Werbung selber und nicht das Produkt. Weshalb die deutschen Händler der Textilkette Benetton in den 80er Jahren inständig baten, man möge die Schockwerbung einstellen, die mit Sex und Gewaltszenen in der deutschen Presse provozieren sollte. Die Anzeigen, die Tabus brechen sollten, kannte zwar jeder, aber sie halfen keine Pullover oder Strickröcke zu verkaufen.

Etwas schwieriger ist es Anzeigen zu machen, die die Produkteigenschaften so herausstellen, dass man über diese spricht. Oder die so einen überragenden Kundennutzen versprechen, über den man einfach reden muss. Bei solchen Anzeigen ist es weniger eine Gestaltungsfrage, sondern vielmehr eine Inhaltsfrage. Die Anzeigen müssen nur eines: ein bemerkenswertes Angebot an den Kunden transportieren.

Die Dove Kampagne für wahre Schönheit. Im Rahmen der Einführung der Produktserie pro-age startete die Körperpflegemarke Dove im Februar 2007 eine bemerkenswerte Werbekampagne. In TV-Spots sowie in Anzeigen und auf Riesenpostern mit Motiven der Starfotografin Annie Leibovitz zeigt Dove „echte" Frauen im Alter von 54 bis 63 – schön, selbstbewusst und unbekleidet.

Mit dieser Kampagne stellte Dove – wie bereits in früheren Kampagnen geschehen – das gängige Schönheitsideal in Frage und wollte nach eigenen Angaben zeigen, „dass Schönheit keine Frage des Alters ist." Auf diese Weise sollen Frauen darin bestärkt werden, Älterwerden nicht als etwas Negatives zu sehen, sondern als Teil der ganz eigenen Persönlichkeit und Schönheit. Gleichzeitig möchte Dove auch die Gesellschaft bewegen, positiver und offener mit dem Thema „Frauen und Älterwerden" umzugehen.

Die Reaktion darauf war durchweg positiv – die Dove Kampagne ist eine derjenigen Kampagnen der Kosmetikbranche, die ein „Weiterleben" in der Mundpropaganda hat und nicht auf die Abbildung in Hochglanzmagazinen beschränkt ist. Bereits mit der Vorläuferkampagne, die vom Ideal der magersüchtigen Fotomodelle abrückte und Frauen mit Rundungen zeigte, war den Dove Machern ein großer Erfolg gelungen.

Nochmals Dove dazu: „Das Älterwerden von Frauen wird in unserer Gesellschaft mit Worten wie ‚Anti-Aging' oftmals so behandelt, als müsste es bekämpft oder verheimlicht werden. Deswegen heißt unsere neue Pflegeserie auch pro-age. Der Name zeigt schon den positiven Ansatz", erklärt Nicole Ehlen, Senior Brand Manager Dove Deutschland. (Alle Zitate: http://www.presseportal.de/story.htx?nr=938322, downgeloadet am 11.4.2007, 17:09 Uhr)

Es geht aber auch ohne große Inszenierung und mit einer winzigen Kleinanzeige, sich dauerhaft ins Gespräch zu bringen. Diese äußerst pfiffige Aktion ist nur eine von vielen, die sich der hessische Hinnerbäcker ausgedacht hat.

Die Brötchengarantie. Der hessische Hinnerbäcker lobte in einer winzigen Kleinanzeige ein ganz besonderes Angebot an seine Kunden aus: die Brötchengarantie. „In unseren Filialen zu viel gekaufte Brötchen am nächsten Tag einfach zurückgeben und gegen neue tauschen", war die Botschaft. Das Thema Brötchengarantie erfüllt alle Voraussetzung für eine perfekte Mundpropaganda-Botschaft, die Nachricht davon verbreitete sich wie das sprichwörtliche Lauffeuer.

Slogans in aller Munde

„Geiz ist geil" - selten hat ein Slogan eine derartige Welle von Diskussionen ausgelöst wie dieser. Sicher, es gab auch früher bekannte Slogans wie „AEG - aus Erfahrung gut", „Otto find ich gut" oder auch den MediaMarkt-Spruch „Ich bin doch nicht blöd."

Aber so schnell und so lange und vor allem so tief hat sich kaum ein Slogan in die Köpfe gesetzt - und vor allem Diskussionsstoff geliefert - wie der Spruch „Geiz ist geil", den die Werbeagentur Jung von Matt im Jahre 2003 für die Elektronikfachmarktkette Saturn ins Leben rief. Bereits kurz nach der Erstausstrahlung begannen die Medien den Ausspruch als Inbegriff einer schädlichen Schnäppchenmentalität zu kritisieren. Politiker, Verbandsfunktionäre, Kirchenvertreter - beinah alle Repräsentanten der Gesellschaft fühlten sich berufen, etwas zu dem Slogan zu sagen.

Das zeigt: Slogans können nicht nur Gesprächsstoff sein, sie können sogar in den allgemeinen Sprachgebrauch übergehen. Allerdings sind Zusammenhänge mit etwaigen Absatzerfolgen und der Verbreitung des Slogans „Geiz ist geil" nicht nachgewiesen.

Trotz aggressiver Werbung und teilweise astronomischer Werbeausgaben ist die Elektronikfachmarktkette Saturn ebenso wie der zum gleichen Konzern gehörende Media Markt weniger durch Werbung gewachsen als vielmehr durch Ausbau des Filialnetzes.

Plakate sorgen für Gesprächsstoff

Plakate sind sehr gut geeignet, Aufmerksamkeit zu erregen und Dialoge zu entfachen. Als Bestandteil des öffentlichen Raums und des Alltagslebens ist dieses Medium den Menschen offenbar sehr viel näher als TV-Spots und Hochglanzmagazine, die sich zu einer kreativen Veränderung ohnehin nicht eignen. Und manche Plakate haben einen besonderen Reiz. Sie werden heruntergerissen, gesammelt und dienen der Verschönerung des Wohnraumes. Manchmal liegt das an den Motiven - wenn besonders attraktive Models abgebildet werden.

Manchmal ist die Marke oder die Werbekampagne selber Kult, was gerade im Jugendalter hin und wieder vorkommt. So wird öffentliche Werbung in das private Umfeld getragen und eine Art nonverbale Mundpropaganda entsteht. Ein Fan, der seine Wohnung mit Werbung dekoriert, legt damit auch ein Bekenntnis zur Marke ab.

Alle Jahre wieder. Alle Jahre wieder und das schon seit 1993 klebt der schwedische Textileinzelhändler H&M-Plakate, über die man spricht. Während draußen die Temperaturen auf Eiseskälte gesunken sind, in der Innenstadt Glühweinbuden und Weihnachtsgebäck lockt, werben auf den Plakaten Topmodels, die nichts als Unterwäsche anhaben. Da wird so manchem Manne warm ums Herz. Mit der üppigen Anne Nicole Smith machte es den Anfang, später folgten die schlanke Claudia Schiffer und jüngst die Ehefrau von David Bowie, das dunkelhäutige Top-Model Iman. Weniger das, was auf den Plakaten zu sehen ist, wird Bestandteil der Mundpropaganda, sondern die Tatsache, dass diese Plakate massenhaft geklaut werden.

Plakate wirken umso besser, je mehr ihre Botschaft auf das Umfeld abgestimmt ist, in der sie platziert werden. So hat man die Wahl, Plakate inner- oder außerhalb geschlossener Räume aufzuhängen, man kann sie in WCs oder in Duschräumen von Fitnessstudios ebenso plakatieren wie in Bahnhöfen, Flughäfen oder an anderen Standorten. Wenn dann die Botschaft auf dem Plakat geschickt auf den Standort Bezug nimmt, ist ihre Wirkung meist verblüffend - und so bemerkenswert, dass darüber geredet wird.

Plakat an der Radarfalle. Ein Landshuter Fotofachgeschäft hat ein Plakat gestaltet, das nicht nur im Raum Landshut Aufsehen erregt. Auch in Internetforen oder Blogs wird es als Beispiel für gelungene Werbung herumgezeigt. In meinen Vorträgen und Workshops löst es spontane Heiterkeit aus, wenn es gezeigt wird. Es hängt direkt neben der stationären Kamera einer Radarfalle und besteht nur aus einem Satz: „Unsere Fotos sind schöner, schneller, günstiger. Foto Sobolewski."

Guerilla-Werbung, wenn Verblüffung alles ist

„Guerilla-Marketing ist die Kunst, den von Werbung übersättigten Konsumenten größtmögliche Aufmerksamkeit durch unkonventionelles bzw. originelles Marketing zu entlocken. Dazu ist es notwenig, dass sich der Guerilla-Marketer möglichst (aber nicht zwingend) außerhalb der klassischen Werbekanäle und Marketing-Traditionen bewegt", schreibt das Guerilla-Marketing-Portal zur Definition des Guerilla-Marketing.

Guerilla-Marketing ist genau genommen nur Guerilla-Werbung. Guerilla-Werbung bedeutet, die Werbemethoden so unkonventionell einzusetzen, dass damit eine größtmögliche Aufmerksamkeit erzeugt wird. Das grenzt die Guerilla-Werbung von der klassischen Werbung ab, die ja auf Anzeigen, TV-Spots, Plakate usw. setzt, um Werbebotschaften zu verbreiten. Dem Guerilla-Werber ist aber jedes Mittel recht - vorzugsweise Aktionen, die auf der Straße stattfinden. Guerilla-Werber spekulieren auch darauf, dass von Medien über diese spektakulären Werbemaßnahmen geredet wird. Der Schwerpunkt liegt aber meist auf der medienwirksamen Inszenierung der Aktion und weniger auf der gezielten Einplanung von Elementen, die Mundpropaganda anregen könnten.

Elektroschocks an der Bushaltestelle. Die Menschenrechtsorganisation Amnesty International wendet Guerilla-Taktiken regelmäßig an. So baute Amnesty International in Spanien mehrere Bushaltestellen mithilfe einiger Accessoires zu elektrischen Stühlen um – die nebenstehenden Plakatwände informierten darüber, dass mehr als 4 000 zum Tode Verurteilte in Gefängnissen auf den Tag der Hinrichtung warten.

Protest per Luftballon. Der schweizerische Eisenbahn- und Verkehrspersonal-Verband SEV ist eine Gewerkschaft, die ihren Protest auf sympathische „Guerilla-Weise" unter die Leute brachte. Eines Tages im Dezember hüpften gasgefüllte rote Luftballone mit einem Textanhänger unter der Waggondecke der Morgenzüge nach Zürich. Sie informierten, dass die Arbeitgeber den Tarifvertrag gekündigt hatten und wünschten allen Zugreisenden eine schöne Weihnacht. Eine untypisch leise Guerilla-Aktion, die sehr viel Aufmerksamkeit weckte und mit Sicherheit besser ankam als ein Warnstreik.

Straßentheater in Toronto. Einen Sommer lang inszenierte die Rollermarke Vespa ein Straßentheater der besonderen Art in Toronto. Das war das Drehbuch: Ein Kurier auf einer Vespa parkt vor einem gut besuchten Straßencafé. Er steigt ab, um sein Päckchen abzuliefern. Kaum ist er verschwunden, taucht ein sehr hübsches Mädchen auf und fragt alle Gäste im Café: „Ist das Deine Vespa? Ich wollte schon immer mal mit so einem coolen Ding mitfahren!" Happy End: Als der Kurier wieder auftaucht, fragt sie auch diesen und die beiden fahren glücklich von dannen.

Fazit: Guerilla-Werbung bringt hohe Aufmerksamkeit für eine meist sehr kleine Zuschauergruppe. Die Aktionen zielen oft darauf ab, das Medieninteresse zu wecken um über die üblichen Nachrichtenkanäle die Botschaft von der Aktion zu verbreiten. Bei Straßen-Guerilla-Aktionen werden meist nur kleine Zuschauergruppen erreicht. Die Wahrscheinlichkeit, dass diese über die erlebten Aktionen sprechen, ist relativ hoch – hängt allerdings von der Originalität der Aktion ab.

Wie Werbung von Verbrauchern übernommen wird

In den wenigsten Fällen werden Werbebotschaften eins zu eins weitergegeben, wenn sie von den Verbrauchern in ihre Welt geholt werden. Natürlich gibt es die Fans und Sammler, die sich Werbeplakate ins Zimmer hängen – den Mercedes-Kalender wegen der Autos, den Pirelli-Kalender wegen der nackten Tatsachen.

Wenn Verbraucher sich Werbung, Werbebotschaften zu Eigen machen, dann sehr häufig, indem sie sie verändern. Das ist dann keine Form verbaler Mundpropaganda, sondern demonstrativer Mundpropaganda.

Parodien. Es ist ein Kennzeichnen dafür, dass eine Sache populär ist und dass sie womöglich polarisiert: die Parodie. Einer Marke Reich-Ranicki hat das Parodieren mit Sicherheit nicht geschadet. Die vermutlich am meisten imitierte und parodierte Marketingkampagne der letzten Jahre ist die TV-Kampagne von Budweiser: Wassup.

Nicht selten würgen Unternehmen die Parodieversuche einfach ab. So geschehen bei der Deutschen Telekom, die ihre fiktive Figur eines gewissen Chad Kroski nach wenigen Wochen sterben ließ.

Maskottchen & Kostüme. Das auf den Bierflaschen der Brauerei Rothaus abgebildete Schwarzwaldmädchen ist so ein Maskottchen, das den Fans der Marke ans Herz gewachsen ist. Unzählige Partykeller sind mit selbst gemalten großen Abbildungen dieser Bier-Git verziert worden. Übrigens, den Namen hat das Flaschenmädchen auch von den Fans erhalten („Bier git Kraft" ist der Wahlspruch der Rothaus-Anhänger. Auf hochdeutsch: Bier gibt Kraft.) Inzwischen gibt es auch eine leibhaftige Bier-Git, ähnlich wie bei einer Misswahl wird jährlich das schönste Schwarzwaldmädel gewählt. Und wer in der Region zwischen Mannheim und Konstanz, vor allem in der Fasnachtszeit, auf Partys geht, kann dort unter Umständen auf mehrere Bier-Gits treffen – männliche Partygänger, die in das Kostüm des Biermaskottchens geschlüpft sind.

Die Star Wars-Fans. Waren Sie einmal bei der Premiere eines Star Wars-Films im Kino? Oder haben Sie gar keine Karten bekommen? Wenn Sie das Glück hatten, dabei zu sein, werden Sie sich vorgekommen sein, wie ein Unkostümierter auf dem Fasnachtsball. Denn die Filmfans sind Teil des Kults – sie besuchen den Film in den Kostümen ihrer Lieblingsfiguren: als Darth Vader, Storm Trooper, Princess Leia oder Yoda.

Sammeln. Auch das Sammeln ist so eine nonverbale Weitergabe von Werbebotschaften. Legendäres Beispiel aus den 70er Jahren: die Pril-Blume. Das waren stilisierte Blumenbildchen, die man als Aufkleber auf die Fliesen in die Küche kleben konnte. Mit jeder Pril-Flasche wurden sie unter die Leute gebracht. Die Pril-Blume gilt mittlerweile als Ikone der 70er Jahre und wird von Zeit zu Zeit immer wieder mal über die Pril-Packungen verteilt. Ein ähnliches Sammelobjekt, vor allem in den USA, sind die Aufkleber, die Apple mit jedem neuen Computer auslieferte.

Aufkleber wie die Pril-Blume und der angebissene Apfel von Apple zieren längst nicht mehr nur die Gegenstände, für die sie gedacht waren, sondern auch Aktentaschen oder Autohecks. Und sie werden Sammelobjekte: So erzielen ältere Apple Aufkleber inzwischen Höchstpreise bei eBay.

Wie man Werbung gestaltet, die von Verbrauchern übernommen wird

Generell gilt: Man muss es den Verbrauchern leicht machen, diese Werbung zu übernehmen. Das gelingt vor allem durch die folgenden Merkmale:

- **Die Sprache der Leute sprechen.** Werbesprache ist keine Alltagssprache. Wer es nicht schafft, normal zu reden, wird vermutlich nicht oder nur falsch übersetzt werden. „XY find ich gut" ist nun mal eine klarere Aussage als ein verwirrendes „Kompetenz in Sachen Sowieso".
- **Einfache Symbole verwenden.** Lassen Sie von komplizierten Logos die Finger. Den Nike Swoosh kann jedes Kind nachmalen. Wie sagte schon Professor Weidemann, der große deutsche Designer? „Ein gutes Logo muss man mit dem nackten Zeh in den Sand kratzen können."
- **Die gleichen Medien wie die Menschen verwenden.** Es ist nun mal viel leichter mit einem Blog Gespräche zu starten als mit einem TV-Spot.
- **Die Leute mitwirken lassen.** Einbeziehung fördert Engagement. Das funktioniert immer.
- **Die Weiterleitung erleichtern.** Das tut man, indem man die obigen Punkte beachtet und obendrein auch explizit zur Weiterleitung auffordert. Manchmal hilft da ein simpler Button: „Empfehlen Sie dieses Produkt doch einem Freund."

Normale Werbung und virale Werbung

In der konventionellen, klassischen Werbung passiert nach der Fertigstellung einer Anzeige folgendes: Man sucht ein Medium aus, in dem das Inserat erscheinen soll, bucht eine bestimmte Anzeigengröße und einen Erscheinungstag, fertig. Irgendwann wird die Zeitschrift an dem verabredeten Tag ausgeliefert, erreicht den Leser, der dort die Anzeige unter Dutzenden oder Hunderten anderer wieder findet.

Wie kommt das, worüber die Leute reden sollen, in Umlauf? Komische Frage. Denn in den allermeisten Fällen reden ja die Leute von selbst darüber. Ohne, dass sie jemand dazu motiviert.

Speziell die Viral-Marketing-Szene, also jene Leute, die Werbebotschaften produzieren, die sich dann bitteschön selbst verbreiten sollen, haben sich damit beschäftigt, wie eine von ihnen vorgefertigte Botschaft unter die Leute kommt.

Sie nennen das „Seeding", also Säen. Dabei werden zwei Methoden des Seeding unterschieden. Das so genannte *einfache Seeding*, bei dem es im Wesentlichen darauf ankommt, dass die Werbebotschaft von den Nutzern selbst entdeckt wird. Oder das *erweiterte Seeding*, bei dem die Werbebotschaft bewusst an bestimmte Multiplikatoren, Botschafter mit großer Reichweite oder Hubs gestreut wird, damit sie sich schneller verbreitet. Beide Methoden haben ihre Vor- und Nachteile.

Das einfache passive Seeding

Beim einfachen passiven Seeding wird das Material entweder einfach nur „ausgesetzt" – etwa durch Veröffentlichung auf der eigenen Website. Man kann dies auch einfaches passives Seeding nennen. Oder es werden ein paar Freunde und Bekannte darüber informiert – in der Hoffnung, dass die Weiterverbreitung sich von da an selbst gestaltet.

Das einfache aktive Seeding

Beim so genannten einfachen aktiven Seeding agiert man wie unter guten Freunden. Man gibt einen kurzen Hinweis: „Guck mal, was wir für unseren Kunden produziert haben." Oder: „Wie findest du unser neues Video?"

Die Anschreiben sind sehr persönlich gehalten. Beim einfachen aktiven Seeding wird gewissermaßen der engste Bekanntenkreis zu einer ersten Information genutzt – für die weiteren Schritte vertraut man dem Ansteckungspotenzial der ausgesetzten Botschaft.

Das hat Nachteile:

- Es gibt keinerlei garantierte Reichweite.
- Es gibt keinerlei Voraussage darüber, welche Empfängergruppen erreicht werden.
- Es gibt keinerlei Aussagen über den zeitlichen Verlauf der Ausbreitung.

Einfaches Seeding eignet sich dann, wenn man von dem Material hundertprozentig überzeugt ist. Oder wenn die Kosten zur Herstellung so gering waren, dass auch ein Flop zu verschmerzen wäre.

Kampagnen, die über dieses einfache Seeding funktionieren, sind so was wie die Königsklasse. Eine der erfolgreichsten Kampagnen – nämlich die vom „Subservient Chicken" – hat mit einem Dutzend Mails an die Freunde der betreuenden Agentur begonnen.

Das erweiterte aktive Seeding

Hier geht es darum, das Kampagnengut über mehrere Überträger rasch zu verbreiten und somit von Beginn an eine gewisse Reichweite zu erzielen. Beim erweiterten Seeding werden entweder geeignete Überträger vorab ausgewählt, oder die Maßnahmen werden durch konventionelle Werbemaßnahmen unterstützt.

So werden beispielsweise Werbefilme, die so genannten Virals oder Viral Spots, auf kostenlosen oder auch kostenpflichtigen Videoplattformen im Internet eingestellt. Diese Seeding-Maßnahmen garantieren also eine gewisse Mindestreichweite.

Erweitertes Seeding über Blogs. Viele Unternehmen versuchen Blogs auf Werbung oder Viralspots aufmerksam zu machen. Sie hinterlassen einen Hinweis auf die Werbung in Kommentaren, was von vielen als Kommentarspam empfunden wird, oder kontaktieren Blogger persönlich, um sie für ihre Werbemaßnahme zu interessieren.

Beide Verfahren haben in der Vergangenheit wenig Nutzen und viel Schaden angerichtet. Viele Blogger fühlen sich durch Werbe-

oder Umwerbeversuche belästigt. Die Zusendung von „Werbematerial“ jeder Art wird von den meisten Bloggern als Spam empfunden und nicht nur ignoriert und abgelehnt, sondern auch in ihren Blogs öffentlich angegriffen. Unternehmen sollten sich also vorab um den Aufbau von Beziehungen zu bestimmten, für sie wichtigen Blogs bemühen. Erst so ist die Voraussetzung geschaffen, dort auch mal auf Werbemaßnahmen hinzuweisen. Blogger berichten dann darüber, wenn ihnen diese Werbung persönlich gefällt oder wenn sie sich kritisch mit ihr auseinandersetzen.

Erweitertes Seeding über Videoportale wie YouTube & Co. Auf den großen Videoportalen Google, YouTube, sevenload etc. konnte man bis zur Drucklegung dieses Buches Werbeclips noch kostenlos platzieren. Dort werden die Filme von den Usern bewertet, kommentiert und weiterempfohlen. Es ist eine unkomplizierte Möglichkeit, Videomaterial in Umlauf zu bringen. Ob es sich dann weiterverbreitet, hängt von den Nutzern der Portale ab – empfehlen sie die Videoclips weiter, können sie rasch hohe Zuschauerzahlen erreichen. Tun sie das nicht, bleibt die Werbung weitgehend unbeachtet.

Durch die Kommentare muss man sich natürlich auch auf Kritik gefasst machen. Auf der weltweit führenden Plattform YouTube werden täglich über 35 Millionen Filme angesehen. Werbefilme, Film- oder TV-Mitschnitte und vor allem jede Menge Privat- oder Amateurvideos. Motto: „Broadcast yourself.“ Jeder kann Filme hochladen. Bis zu zehn Minuten dürfen sie lang sein – Anstößiges wird ausgeschlossen. Einfach das Video hochladen, der Rest passiert automatisch. YouTube macht aus dem Video einen Flashfilm in Standardgröße, und den kann sich jeder anschauen. Technische Voraussetzungen gibt es keine. YouTube funktioniert mit jedem Browser.

Erweitertes Seeding durch Kommentare in Foren-Postings. Auch in Diskussionsbeiträgen in Foren kann man Informationen zum Kampagnenstart aussäen. Nicht immer legen die für die Durchführung des Seedings Beauftragten dann ihre Identität offen. Die Mehrzahl der auf diese Weise geseedeten Kampagnen erfolgt unter Decknamen. Man tarnt sich als angeblicher Nutzer, der aus Privatinteresse handelt und einen Tipp beisteuern will.

Allerdings fliegen viele dieser Tarnungen recht schnell auf – die Kommentarschreiber, die nur Werbung platzieren wollen, werden aus den Foren ausgeschlossen. Meistens geht dies auch gar nicht geräuschlos von sich: Die Kunde von Undercover-Aktionen, die aufgeflogen sind, verbreitet sich in Windeseile im Netz. Statt positiver Mundpropaganda erhält man das, was man gar nicht wollte: negative Mundpropaganda.

Erweitertes Seeding in Communities. Zahlreiche Communities haben Mitglieder, die einer Zusendung von Werbematerial zugestimmt haben. Deren E-Mail-Adressen kann man also zur Streuung von Werbebotschaften über die Communitybetreiber nutzen. So kann man sich eine garantierte Reichweite der Werbebotschaften dazukaufen.

Ein Mix aus Seeding-Maßnahmen

In der Tat werden zahlreiche Viral-Werbeaktionen heute so gestartet, dass ein Mix aus verschiedenen Maßnahmen angewandt wird, um die Botschaften zu streuen:

- Die Veröffentlichung auf der eigenen oder einer eigens dafür geschaffenen Website.
- Die Streuung über Videoportale.
- Der Aussand an vorselektierte E-Mail-Adressen.
- Das aktive Kommentieren in Foren/Communities/Blogs unter Decknamen.

Bei diesen erweiterten Seedingmaßnahmen werden derzeit oft 30 000 bis 40 000 Nutzer direkt kontaktiert, um eine schnelle Durchdringung zu gewährleisten. Das erweiterte Seeding nutzt meist konventionelle Maßnahmen der Streuung und verteilt dabei Werbematerial, das Mundpropaganda auslösen soll.

In der Regel besteht die Mundpropaganda dann im Weiterleiten der Botschaft per E-Mail oder per SMS (je nach gewähltem Medium).

Nachteil ist eine häufig sehr geringe Markenwahrnehmung und eine spektakuläre Inszenierung, die dann den eigentlichen Absender überlagert. In den seltensten Fällen entstehen Gespräche über Produkt- oder Unternehmenseigenschaften.

Im Rahmen von Seedingmaßnahmen werden Nutzer häufig

zum Mitmachen aufgefordert. Diese Mitmach-Appelle nutzen zumindest die Beziehungsorientierten verstärkt für Mundpropaganda.

Bloggen, der beste Start in Gespräche

Heute ist Freitag, der 13. April 2007. Technorati, die Suchmaschine für Weblog-Einträge, verkündet, sie durchsuche mittlerweile mehr als 75,3 Millionen Blogs. Vor zwei Jahren waren es gerade mal 13,3 Millionen. Vor vier Jahren waren es gerade mal 100 000. Jeden Tag kommen mehr als 175 000 neue Weblogs hinzu. 18 Mal pro Sekunde wird irgendwo auf der Welt ein neues Blog-Posting geschrieben. Rund 100 Millionen Menschen weltweit lesen Weblogs.

Weblogs sind so etwas wie Logbücher – mit täglichen Einträgen, in denen die Blogger (so nennt man die Logbuchschreiber) Sehens- und Wissenswertes festhalten, persönliche Eindrücke schildern und mit anderen darüber diskutieren. Nach der Erfindung der Homepage ist dies zweifellos die interessanteste und rasanteste Entwicklung im Internet der letzten Jahre. Ein Blog macht jeden Menschen zu einem Publizisten in eigener Sache und wendet sich nur an eine kleine Leserschaft von Freunden und Gleichgesinnten. Manche haben eine so große Reichweite, dass sie es mit den Online-Angeboten großer Zeitungen und Zeitschriften aufnehmen können.

Blogs sind Bürgermedien – sie geben jedem die Chance, seine Meinung kundzutun, und sie sind eine Fundgrube von Konversationen über alle erdenklichen Themen dieser Welt.

Was bedeutet es, wenn jeder Mensch zum Publizisten wird? Es bedeutet, dass Mundpropaganda ein noch mächtigeres Werkzeug wird – plötzlich werden persönliche Ansichten nicht nur den engsten Freunden zugänglich, sondern für ein Millionenpublikum erreichbar. Mein Ärger mit einem deutschen Telekom-Anbieter, den ich im April 2007 in meinem Blog öffentlich kundtat, hat sofort Zuschriften und Kommentare ausgelöst, in denen Menschen von ähnlichen Erfahrungen berichteten. Der Blogger

Theo Huesmann, der einen kurzen Beitrag über die Kaffeemaschine „Tassimo" in seinem Blog „Gumia – Notizen für Genießer" verfasste, erhielt zu diesem Beitrag innerhalb von 2½ Jahren über 2111 Kommentare. Der Beitrag selbst wurde über 65 000 Mal gelesen.

Das zeigt: Die Gespräche, die in den häufig privaten Zirkeln der Blogs vor sich gehen, werden gelesen, kommentiert, zitiert und weitergereicht. Und solche Gespräche werden dann oft jahrelang in Gang gehalten. Wenn es einen optimalen Platz gibt, an dem Sie Online-Mundpropaganda starten können, dann in Blogs. Am besten können Sie es, wenn Sie ein eigenes Blog eröffnen.

Aus der IT-Branche ist Blogging nicht mehr wegzudenken. Eine Umfrage unter 4 500 Mitarbeitern der IT-Branche brachte es an den Tag. 80 % der IT-Manager lesen Blogs, um sich über Business- und Technikthemen zu informieren.

53 % der Befragten wurden durch Inhalte in Blogs in ihren Kaufentscheidungen beeinflusst. Und wichtige Informationen verbreiten sich durch Mundpropaganda weiter. 70 % der IT-Profis gaben an, mindestens einmal im Monat Informationen aus Blogs an andere weiterzuleiten. (Quelle: Blog and RSS Study Report 2007)

Bloggende Bosse und bloggende Fans

„Keine Wolke am Himmel, keine Kunden auf dem Hof", schreibt Jörg Holzmüller, Geschäftsführer der Arnsdorfer Saftkelterei Walther in seinem Weblog „Saftblog". Und nur wenige Zeilen drunter notiert seine Marketingleiterin Evelyn Kaufmann: „Heute morgen half ich bei der Lohnmostannahme aus. Der Parkplatz war mit Autos gefüllt und die mitgebrachten Beeren türmten sich in den Behältern."

Wer liest so was? Mehr Leute, als man denkt. Etwa 400 Besucher täglich zählt das Weblog der Saftkelterei – weit mehr Interessierte als auf ihrer normalen Website. Seitdem sie es betreiben, hat sich einiges getan: Das Unternehmen hat einen Onlineshop eingerichtet, der bereits sechs Monate nach seiner Eröffnung rund 4 % des Umsatzes ausmacht. Insgesamt ist der Umsatz der Kelterei Walther um 25 % gestiegen. Da bislang nur wenige Unternehmen ein Weblog betreiben, gelten die Arnsdorfer als Vorzeigeunternehmen, bei denen nahezu wöchentlich Medien für Interviews und Berichte anfragen: Das 15-köpfige Unternehmen erhält eine Medienresonanz, die ansonsten unbezahlbar wäre.

Im Netz sorgen andere Blogger für den Erfolg des Unternehmens - immer wieder wird über Tagebucheinträge und Neuigkeiten berichtet, die im Saftblog veröffentlicht werden. Um Nachrichten zu verbreiten, hat die verwendete Weblog-Software, eine Art Mini-CMS, einen eingebauten Aboknopf, den so genannten RSS-Feed. Interessierte Leser müssen die Seite der Arnsdorfer gar nicht mehr besuchen, um zu sehen, ob es Neuigkeiten gibt, sondern haben die Infos abonniert und bekommen sie so auf ihren Desktop überspielt.

Wer bloggt, bekommt direkt Anschluss an die so genannte Blogosphäre, also an mehrere Hunderttausend aktive Blogger in Deutschland. Diese sind untereinander hochgradig vernetzt und berichten wechselseitig, wenn sie bei einem anderen Blogger Berichtenswertes entdecken. So verbreiten sich auch die Nachrichten der bloggenden Unternehmer - wenn sie denn auf Interesse stoßen - blitzartig als digitale Mundpropaganda.

Bloggen hat viele Vorteile: Es ist, solange ehrlich und authentisch geschrieben wird, glaubwürdiger als Werbung und lädt die Leser ein, durch Kommentare zu dem Gelesenen Feedback zu geben. Es entsteht also ein Dialog. „Früher ging man auf den Hof, um mit Kunden, Lieferanten und anderen zu reden. Heute geht man ins Web und bloggt“, meint Geschäftsführer Jörg Holzmüller, Saftkelterei Walther. Zahlreiche Anregungen für Werbung und Vertrieb hat er von seinen interessierten Lesern bereits erhalten. Marktforschung kann er sich sparen. Inzwischen wurde auch durch den Hinweis eines Kunden der Vertrieb via Tankstellen entdeckt.

Das größte Risiko: Blogs nicht zu lesen

Die Saftkelterei Walther stand dem Bloggen anfangs skeptisch gegenüber. Inzwischen hat sie der nicht für möglich gehaltene Erfolg eines besseren belehrt. Das Bloggen bietet also riesige Chancen. Aber wo sind die Risiken? Wer nicht ehrlich auftritt und nichts zu sagen hat, wird entweder nicht gelesen oder mit Kritik überhäuft. Unternehmen, die bloggen, müssen sich der Kritik stellen und zuhören. Das größte Risiko ist es aber, Blogs erst gar nicht zu lesen: denn in Blogs machen sich Konsumenten Luft, schimpfen über Produkte, die nicht so funktionieren wie versprochen, stellen unfreundliche Telefonistinnen oder mangelnden Service von Unternehmen regelrecht an den Pranger. Wer da nicht schnell reagieren kann, weil er die Kritik nicht wahrnimmt, riskiert, dass sich negative Mundpropaganda ausbreitet. Er verpasst es, positive Mundpropaganda wahrzunehmen – ja er weiß auch gar nicht, was geredet wird, über das eigene Unternehmen, seine Produkte, die Wettbewerber, über Verbraucherwünsche, ihre Meinungen und Ansichten.

Die Kryptonite-Panne. Den amerikanischen Hersteller von Fahrradschlössern Kryptonite brachte das anfängliche Ignorieren einer Blogkritik innerhalb kürzester Zeit an den Rand der Pleite. Ein Blogger hatte entdeckt, das sich die sündhaft teuren Sicherheitsschlösser mit einer Büroklammer ganz einfach knacken ließen. Binnen einer Woche wurde das Thema nicht nur in Dutzenden von Weblogs aufgegriffen, der Fall wurde auch von den traditionellen Medien aufgenommen. Am Ende musste das Unternehmen die mangelhaften Sicherheitsschlösser zurücknehmen. Die Tatsache, dass sich Kryptonite nicht in irgendwelche Ausflüchte und lahmen Entschuldigungen verrannte, rettete das Unternehmen. Denn die großzügige und schnelle Umtauschregelung wurde von den meisten der betroffenen Kunden positiv bewertet. Fehler passieren, aber wenn man sich dazu bekennt und sie ausbügelt, macht einen das allemal sympathischer, als wenn die Dinge unter den Teppich gekehrt werden.

Viele Blogger wunderten sich bei dieser Kryptonite-Sache, dass das Unternehmen so spät reagierte – erst nach einer Woche. Im Medium Blog reagierte man nahezu in Echtzeit. Auf Kritik muss man umgehend Stellung beziehen! Sonst breiten sich schlechte Nachrichten aus und Gerüchte schießen ins Kraut. Für die anspruchsvollen Verbraucher, die untereinander perfekt vernetzt sind und die preiswerten Kommunikationsmöglichkeiten des Web nutzen, ist es unverständlich, wieso Unternehmen so lahm daherkommen. Mehr Tempo – das wird in Zukunft von jedem Unternehmenslenker gefragt sein. Die Tugenden des Aussitzens gehören wohl endgültig in die Abfalltonne.

Bloggersprache, kurz erklärt

- Weblog: Website + Logbuch = Weblog. Enthält kalendarisch angeordnete, kurze Einträge ähnlich wie ein Tagebuch
- Blogger: Autor eines Blogs
- Posting: ein Eintrag im Weblog
- Posten: einen Eintrag veröffentlichen
- RSS: Really Simple Syndication, zu gut deutsch: wirklich einfache Verbreitung
- RSS-Feed: Weblogeinträge versendet als Nachrichtenabo

Elf Gründe, warum Sie bloggen sollten

(1) **Weil Ihre Kunden es tun.** Millionen Menschen lesen Blogs - ein paar Hunderttausend schreiben selbst. Nutzen Sie das Medium, das bei Ihren Kunden so beliebt ist.

(2) **Weil Sie mehr Kontakte knüpfen.** Blogger sind untereinander vernetzt und kommunikativer als andere. Sie gehören zu den neuen Meinungsbildnern. Blogger sind die Multiplikatoren im Netz.

(3) **Weil Sie intensivere Beziehungen knüpfen.** Der Unterschied zwischen einer Website und einem Weblog ist manchmal wie der zwischen einem One-Night-Stand und einer auf Dauer angelegten Beziehung. Die Art und Weise wie Informationen kommentiert und kritisiert werden, wie man in Weblogs Diskussionen führt, ähnelt in der Mehrzahl der Fälle einem partnerschaftlich-freundschaftlichem Gespräch.

(4) **Weil Sie wieder normal reden lernen.** In einem Weblog sind Marketinggesülze und PR-Blabla etwa so beliebt wie ein Zeitschriftendrücker an Ihrer Haustür. In einem Weblog lernen Sie, wieder so normal zu reden - wie Ihre Kunden.

(5) **Weil Sie Teil der Blogosphäre werden.** Fangen Sie zu bloggen an und Sie werden von der Blogosphäre aufgenommen. Lernen Sie ihre Regeln, Gewohnheiten und Vorlieben kennen und Ihnen steht ein gewaltiges Netzwerk weltweit offen. Wenn Sie Teil der Blogosphäre werden wollen, müssen Sie allerdings das, was man Ihnen gibt, auch zurückgeben. Werden Sie aktiver Kommentator in anderen Weblogs. Zitieren

Sie Blogger und diskutieren Sie ihre Einträge. Helfen Sie ihnen, ihren Content zu verbreiten und sie werden Ihren verbreiten. Sofern Sie Regel Nr. 4 nicht verletzt haben.

(6) **Weil Sie die Suchmaschinen lieben werden.** Wenn Sie Ihr Ranking bei den Suchmaschinen verbessern wollen, müssen Sie sofort zu bloggen anfangen. Denn Blogs werden von Google bevorzugt – die starke Vernetzung und Verlinkung führen dazu, dass Weblogs meist einen höheren Page-Rank als „normal" betriebene Websites haben.

(7) **Weil es nahezu kostenlos ist.** Hohe Kosten für Software, aufwendige Serverparks? Können Sie bei Weblogs vergessen. Basisangebote für Weblogs sind meist kostenlos oder sehr preiswert.

(8) **Weil es jeder im Unternehmen tun kann.** Bloggen fällt nicht mehr unter das Hoheitsgebiet ausgebildeter Journalisten, Werbetexter oder Redakteure. Jeder, der sich wie ein normaler Mensch ausdrücken kann, kann auch bloggen. Warum soll der kompetente Techniker nicht den Kundendienst via Weblog erledigen? Der Reiseleiter die Tipps für Urlaubsziele nicht persönlich verraten? Bedienerschulung, umständliche Einweisung – nicht nötig. Die Bedienung von Weblogs ist so einfach, dass die meisten Benutzer innerhalb weniger Minuten mit dem Veröffentlichen loslegen können.

(9) **Weil Sie es überall tun können.** Sie brauchen dafür kein aufgeräumtes Büro oder Besprechungszimmer. Webloggen kann man von überall. Von der Messe, von unterwegs, aus dem fahrenden Zug heraus. Nicht mal einen Internetanschluss braucht es dafür. Jede gängige Weblog-Software ermöglicht es, Texte und Bilder per SMS oder MMS zu überspielen und zu veröffentlichen.

(10) **Weil Sie es sofort tun können.** Webloggen ist die schnellste Art des Publizierens. Sie können live bloggen – von der Messe, von der Konferenz, aus dem Verkaufsraum oder direkt aus dem Wohnzimmer Ihres Kunden.

(11) **Weil Sie Ihre Kompetenz zeigen können.** Nehmen Sie sich ein bestimmtes Thema vor und zeigen Sie, dass Sie der Experte dafür sind. Viele Weblogs sind themen- oder bran-

chenbezogen und manche sammeln, verdichten und streuen Nachrichten besser als viele Fachzeitschriften - vor allem, wenn deren Online-Angebot nur als Werbetafel für ihr gedrucktes Pendant dient.

Mit Blogs Vertriebspartner informieren und motivieren

Geben Sie Ihren Vertriebspartnern Tipps, wie sie Produkte besser verkaufen, besser platzieren. Geben Sie ihnen Hilfestellung bei Problemen wie Reklamationen, Kundeneinwänden etc. Helfen Sie ihnen einfach, mehr zu verkaufen! Präsentieren Sie dazu Beispiele gelungener Warenpräsentationen oder erfolgreicher Vertriebspartner. Natürlich ist so ein Blog für Vertriebspartner auch der richtige Platz, um die Gesichter des Vertriebsinnen- und Außendienstes vorzustellen.

Geben Sie den Vertriebspartnern auch Tipps zum Einsatz Ihrer Werbemittel. Vieles bleibt ungenutzt, landet nicht im Schaufenster, verschwindet im Lager - wenn man nur wüsste wie es richtig gemacht wird, würde man die Akzeptanz des Werbematerials erhöhen und damit auch seine Wirksamkeit.

In einem dreisprachigen Blog speziell für Handelspartner versorgt der T-Shirt-Ausrüster Spreadshirt seine Kunden mit Informationen über Neuentwicklungen, gibt Tipps zur Shopgestaltung oder stellt besonders erfolgreiche Produkte vor. Die Kunden von Spreadshirt sind etwa 150 000 Shopbetreiber. Sie verkaufen T-Shirts des Unternehmens, die sie vorher individuell gestalten konnten - etwa als Fanartikel ihres Vereins. http://hive.spreadshirt.net

Blogs für die Kunden

Verbessern Sie die Produktnutzung und Produkterfahrung Ihrer Kunden, indem Sie ihnen Tipps geben. Was kann ich mit Produkt XY noch machen? Wie kann ich seine Leistung steigern? Wie erziele ich damit optimalen Nutzen für mein Geschäft?

Auch der allgemeine Service und Support kann dadurch verbessert werden. Sammeln Sie Supportanfragen in einem Blog - so wächst eine Liste aus häufig gestellten Fragen, die als Wissenslexikon online zur Verfügung steht. Ihre Servicemitarbeiter werden dadurch deutlich entlastet - weil ein Großteil von Routineanfragen nun online abgewickelt werden kann.

Der bloggende Konzernchef. Bob Lutz gehört zu den ersten Topmanagern, die bloggen. Immerhin ist der Mann Vizepräsident des größten Automobilkonzerns der Welt, General Motors. „GM Fastlane Blog" heißt das Blog, in dem er Nachrichten und Einblicke in den Konzern zum Besten gibt. Bob Lutz beschreibt, warum er selbst begeistert ist von der Autoindustrie. Er gibt Insider-Einblicke zur Detroiter Motor Show wieder. Und er nutzt es zur Bekanntgabe exklusiver Nachrichten – die Markteinführung des Pontiac Solstice, eines kleinen Roadsters für Einsteiger zu einem Preis von unter 20 000 Dollar, wurde zuerst in seinem Weblog verkündet. Mehr als 5 000 Besuche erhält das Weblog täglich. Bob Lutz sagt, das Weblog „... bietet eine der wenigen Gelegenheiten, das was wir zu sagen haben ohne Medienfilter an die Öffentlichkeit zu bringen."

Service- und Supportentlastung. Die Softwarefirma Macromedia macht deutlich, wie wichtig Blogs für Service und Support und der Austausch hierüber mit den Nutzern werden können. Hier sind es mehrere Produktmanager, die als Experten zu ihren Produkten bloggen. Erfolgsrezept der Macromedia Blogs: Die einzelnen Blogger haben durchaus die Freiheit neben Themen, die Macromedia und seine Produkte betreffen, Themen anzuschneiden, die sie persönlich interessieren. So diskutieren sie aktuelle Technologietrends mit den Lesern des Blogs.

Mitarbeiter-Blog-Offensive. Auch IBM hat im Jahre 2005 das Bloggen entdeckt. Als erstes Unternehmen dieser Größenordnung forderte es alle 130 000 Mitarbeiter auf, über IBM und seine Produkte und Dienstleistungen zu bloggen. Eine positive Berichterstattung über die IBM Produkte könne schließlich dazu beitragen Arbeitsplätze zu sichern und helfe Marketing- und Werbekosten zu reduzieren. Neben den gewaltigen Auswirkungen auf die Google-Relevanz von IBM, die Tausende von Weblogs mit sich bringen, geht es vor allem darum, sich an Fachgesprächen zu beteiligen, die online in Weblogs und Communities geführt werden.

Blogs für Multiplikatoren

Es ist kein Geheimnis: Blogs werden auch von Journalisten gelesen – als Teil der täglichen Recherchearbeit. Viele Blogger sind inzwischen gefragte Experten auf ihren Fachgebieten und werden als Gesprächspartner von den Medien gesucht. Mal geht es um die bloße Informationsauswertung von Blogs, dann wieder darum, einen Interviewpartner im Blogger zu finden.

Dekotrends erkennen. Die Hamburgerin Schnuppe von Gewinner betreibt eine Galerie und Agentur für europäisches Kunsthandwerk. Redaktionen und Stylisten der Lifestyle-Presse gehören zu ihren Kunden. Und zu den regelmäßigen Lesern ihres Blogs, weil sie so über neue Objekte, Design oder Dekotrends auf dem Laufenden bleiben können. Redaktionen sind zum einen Kunden zum anderen Multiplikatoren – sie bringen die kleine aber feine Galerie, bei der sie Objekte für Fotoproduktionen ausleihen, auf diese Weise regelmäßig in die Presse. http://craft2eu.blog.de

7. Wie entdeckt und bewertet man Mundpropaganda?

Dieses Kapitel fängt mit einer schlechten Nachricht an. Es ist äußerst schwierig, Mundpropaganda zu entdecken und zu messen. Denn bei den Gelegenheiten wo Mundpropaganda am stärksten wirkt, nämlich dann, wenn unter guten Freunden Tipps ausgetauscht werden, sind wir eben nicht dabei. Eine Möglichkeit mitzubekommen was da gesprochen wird, ist ganz einfach: dabei zu sein. Es ist so eine Art teilnehmende Beobachtung möglich, wenn wir uns unters Volk mischen und einfach mal zuhören.

Eine amerikanische Marketingspezialistin empfiehlt daher Gastwirten: „Stellen Sie sich einen Abend lang vor die Tür und hören Sie zu, was Gäste beim Hinausgehen über das Lokal sagen." Im Internet ist dieses „sich vor die Tür stellen" sehr einfach.

So geht's: Internetmonitoring und Konkurrenzbeobachtung ganz einfach

Das Internet ist eine einzige Gerüchteküche. In Verbraucherportalen, Foren und Weblogs tummeln sich viele, die positive oder negative Erfahrungen mit Ihrem Produkt, Unternehmen oder Ihrer Dienstleistung gemacht haben und sich darüber auslassen wollen. In krassen Fällen ziehen gefeuerte Mitarbeiter über Sie her oder Ihre Wettbewerber machen Sie, unter dem Schutz von Pseudonymen, madig. Wie Sie solch übler Nachrede auf die Spur kommen - ganz einfach: Programmieren Sie die wichtigsten Suchmaschinen für Ihre Zwecke. Webrecherche wird so kinderleicht und funktioniert automatisch.

Zum Beispiel bei bei Google: Rufen Sie die Seite http://www.google.de/alerts?hl=de auf. Geben Sie in das dort erscheinende Formular die gewünschten Suchbegriffe ein. Im Feld „Häufigkeit" können Sie bestimmen, ob Sie einmal täglich, wöchentlich oder bei Veröffentlichung über neue Fundstellen zu Ihrem Suchbegriff informiert werden möchten. Außerdem können Sie festlegen, ob Sie News, Web, News & Internet oder Groups durchsuchen wollen. Geben Sie dann noch Ihre E-Mail-Adresse ein und Sie erhalten wenig später eine Bestätigungsmail. Sobald Sie die Bestätigung vorgenommen haben, werden Ihnen neue Suchtreffer im gewünschten Turnus per E-Mail zugestellt.

Ergänzend zu diesem Abo können Sie sich auch eine eigene Google Startseite zusammenstellen. Dazu brauchen Sie nur ein kostenloses Google Konto. Auf Ihrer persönlichen Google Startseite werden Ihnen die neuesten Meldungen aus zahlreichen Nachrichtenquellen präsentiert.

Weitere Links für Ihre Recherche

Die nachfolgenden Websites gehören zu den wichtigsten Suchwerkzeugen, wenn Sie herausfinden wollen, welche Nachrichten über Sie, Ihre Wettbewerber oder jedes andere Thema in Online-Medien verbreitet werden.

- http://spaces.msn.com
- http://news.yahoo.com
- http://news.google.com
- http://search.msn.com/news

Social Bookmarking

Wo sind eigentlich Ihre Lesezeichen? Auf Ihrer Festplatte? Sie können Ihre Lesezeichen auch veröffentlichen und damit allen anderen Nutzern des Internets zur Verfügung stellen. Das nennt sich dann Social Bookmarking.

Sehen Sie nach, ob Ihre Website, Ihr Weblog oder einzelne Seiten und Beiträge in solchen Social Bookmarking-Diensten vorkommen. Das ist ein Indiz dafür, dass über Sie gesprochen wird. Interessieren wird Sie aber vor allem der Inhalt dieser Gespräche.

Die bekanntesten Social Bookmarking-Dienste sind:

- Del.icio.us (http://del.icio.us)
- Digg (http://digg.com/)
- Mister Wong (http://www.mister-wong.de)

Ausschnittdienste und Monitoring Services

Eine Vielzahl von Anbietern unterstützt Sie dabei, das Netz nach Mundpropaganda zu Ihrem Unternehmen zu durchsuchen. Der Vorteil, den diese Anbieter gegenüber den kostenlosen Tools, die Sie selbst einsetzen, haben, ist meist die erweiterte Suche und damit das gründlichere Ergebnis sowie die bessere Aufbereitung der Informationen.

So werden bei einigen Anbietern eben nicht nur Blogs, sondern auch Foren und Chats durchsucht.

Chats untersuchen

Zumindest dann, wenn Sie selbst einen Chat anbieten, können Sie die Gespräche protokollieren und nach Schlüsselwörtern durchsuchen. Denkbar wäre dies beispielsweise für Service- und Support-Chats. Mithilfe einer systematischen Auswertung lässt sich schnell eine „Pannenstatistik" ermitteln.

Blog-Suchmaschinen

Blog-Metasuchmaschinen zeigen Ihnen, über welche Themen in Weblogs weltweit derzeit gerade am meisten diskutiert wird. Dazu geben Sie einfach ein Suchwort ein - etwa Ihren Firmennamen - und die Suchmaschine liefert Ihnen eine Auswertung wie häufig der Begriff gefunden wurde. Natürlich weist diese die Fundstellen nach, so dass Sie mühelos den Inhalt dieser Nachrichten überprüfen können.

- http://www.feedster.com
- http://www.technorati.com
- http://www.icerocket.com
- http://www.google.com/blogsearch
- http://www.blogpulse.com

Bobi Blogmonitor. Seit Anfang des Jahres 2007 beobachtet das Hamburger Marktforschungsunternehmen Ethority die deutsche Blogszene und wertet Blogpostings nach zahlreichen Kriterien aus. Über welche Produktkategorien wird besonders häufig gesprochen? Welche Marken werden häufiger erwähnt als andere? Sind die Erwähnungen eher positiv oder negativ? Untersucht werden 500 Marken und 25 Branchen. http://www.ethority.de

Blogs im Abo bestellen

Blogs, die Sie permanent lesen und auswerten möchten, können Sie abonnieren. Es gibt spezielle Feedreader, also Programme, die Feeds lesen können. Die stammen aus der Anfangszeit des Verfahrens. Heute können Sie RSS-Feeds mit jedem Internet-Browser abonnieren.

Sehr komfortabel geht das z. B. beim Firefox-Browser. Die RSS-Feeds seiner Wahl legt man sich als Lesezeichen in einem eigenen Ordner an. Dort erscheint das kleine gelbe RSS-Symbol in der Adresszeile. Einfach darauf klicken und der Feed wird abonniert und zu den Lesezeichen gelegt.

Probieren Sie es mal aus, indem Sie die Seite des Nachrichtenmagazins „Der Spiegel" aufrufen (http://www.spiegel.de). Klicken Sie auf das RSS-Symbol und fügen es zu den Lesezeichen hinzu. Klicken Sie nun auf dieses soeben gespeicherte Lesezeichen, dann erscheinen in einem Pop-up-Menü die aktuellen Meldungen in Schlagzeilen, die man wiederum anklicken und öffnen kann, um den gesamten Artikel zu lesen.

Was ist RSS? RSS ist die Abkürzung für „Rich Site Summary" oder auch „Really Simple Syndication". RSS ist ein Programmierstandard, der es ermöglicht Meldungen oder Textinformationen von Webseiten für andere Rechner zur Verfügung zu stellen. Die Bereitstellung von Daten im RSS-Format bezeichnet man auch als RSS-Feed.

Nicht komplette Webseiten, sondern nur ihre Inhalte (Texte, Bilder, Audio oder Video) werden mit diesem Verfahren übertragen. RSS ermöglicht Info-Abos, beispielsweise für das Lesen von Blogs.

RSS-Feeds lesen mit Bloglines. Beim Online-Dienst Bloglines können Sie das Netz nach RSS-Feeds durchsuchen und sich dann eine eigene Auswahl an Blogs zusammenstellen, die Sie abonnieren möchten. Die Feeds werden nicht auf Ihren Rechner überspielt, sondern auf der Website von Bloglines angezeigt. Ideal, um eine große Menge an Nachrichtenkanälen zu verwalten. Kleiner Nachteil: Um die Feeds lesen zu können, müssen Sie jedes Mal die Seite aufrufen. http://www.bloglines.com

Online Quantitative Messmethoden

Es gibt zahlreiche Messgrößen, die sich für eine rein zahlenmäßige Betrachtung des Erfolgs von Mundpropaganda-Marketing-Maßnahmen verwenden lassen. Sie lassen sich in die folgenden drei Gruppen einordnen:

Messungen der Häufigkeit. Werden bestimmte Informationen häufiger angeklickt oder ausgewählt so ist dies ein Indiz dafür, dass ein Interesse vorhanden ist oder geweckt wurde. Die Messwerte sind nicht eigens für die Auswertung von Mundpropaganda geschaffen. Sie gehören zum Repertoire der Online-Statistik. Sie sagen daher nichts darüber aus, inwiefern sich bestimmte Informationen stärker verbreiten als andere.

Messungen der Vernetzung. Seiten wie technorati zeigen zumindest für die Blog-Szene an, wer, wann, wie häufig ein Thema verlinkt hat. Bei dieser Verlinkung sind schon Ansteckungseffekte zu erkennen: Blogger A hat etwas bei B über C gelesen und setzt einen Link auf C.

Die Antwort auf die Frage: Wie häufig wird ein bestimmtes Thema verlinkt, zeigt schon sehr gut an, ob es geeignet ist, Gesprächsstoff zu bieten oder nicht.

Messungen der Weiterleitung. Diese kommen vor allem bei der Untersuchung im E-Mail-Marketing zum Einsatz. Können aber auch dann verwendet werden, wenn Nutzer ausdrücklich zur Weiterleitung bestimmter Nachrichten oder Produktempfehlungen in einem Onlineshop aufgefordert werden. So lässt sich durch die Verwendung einer individuellen Codierung tatsächlich feststellen wer, wie oft und wann eine Weiterempfehlung ausgesprochen hat.

Website-Statisitik – So messen Sie den Erfolg Ihrer Website

Nahezu jede Bewegung eines Nutzers auf Ihrer Website hinterlässt Spuren, die Sie für Ihre Marketingmaßnahme auswerten können. Die so genannte Logfile-Analyse zeigt genau das auf, was Besucher auf Ihrer Website tun, woher sie kommen, welche Angebote auf Ihrer Website sie anklicken, wie lang sie sich aufhalten und an welchem Punkt sie Ihre Website wieder verlassen.

Die meisten Web-Hosting-Provider bieten Ihnen diese Logfile-Analyse kostenlos an – sie ist in dem Gesamtpreis für das Webhosting-Paket bereits enthalten. Wer eine Vergleichsmöglichkeit zu diesen Zahlen und Auswertungen haben möchte, kann das kostenlose Tool von Google, das so genannte Google Analytics, benutzen.

Besser als die kostenlos arbeitenden Programme sind kostenpflichtige Angebote, die vor allem dann für Sie in Frage kommen, wenn Sie Ihren Webserver selbst hosten – in größeren Unternehmen ist dies ohnehin der Fall.

Die kostenpflichtigen Programme unterscheiden sich natürlich im Preis und Leistungsumfang. Sie bieten allerdings auch Statistiken, die Sie von den kostenlosen unterscheiden – z. B. die Möglichkeit das Nutzerverhalten auf Ihrer Website in Echtzeit zu verfolgen. Mit solchen schnellen Datenaufbereitungen können Sie bei auftretenden Problemen oder dann, wenn Sie etwas optimieren müssen, umgehend handeln. Hier sind die gebräuchlichsten Messgrößen:

Seitenabrufe (Page Impressions). Die Zahl gibt an, welche Seiten wie oft aufgerufen wurden.

Downloads. Damit können Sie feststellen, wie oft eine bestimmte Datei von Ihrem Webserver heruntergeladen wurde. Wenn Sie also ein E-Book, eine Audio- oder Videodatei zum Download anbieten, können Sie feststellen, wie oft diese heruntergeladen und vermutlich auch angesehen wurde.

Zählpixel. Dienen dazu festzustellen, wie häufig eine E-Mail weitergeleitet wurde. Dazu wird in vorgefertigte Weiterempfehlungs-E-Mails ein kleines Bild von der Größe eines Pixels eingebaut. Jedes Mal, wenn ein Nutzer diese E-Mail dann öffnet, wird das eigentlich unsichtbare, ein Pixel große Bild beim Server angefordert. So können die Abrufe gezählt werden. Jeder Pixelabruf entspricht einer Öffnung der E-Mail.

Klicks. Wie oft wurde eine bestimmte Datei angeklickt? Diese Zahl ermitteln Sie, indem Sie beispielsweise in eine E-Mail oder ein Video am Ende einen Link einbauen, der angeklickt werden kann. Mit einem solchen Klick lässt sich auch ermitteln wie gut eine Werbebotschaft aktiviert, weitere Informationen anzufordern, eine Bestellung auszulösen oder Ihre Website zu besuchen.

Eingehende Links/Referrer. Zeigen Ihnen an, welche Websites auf Ihr Online-Angebot verweisen. Eine wichtige Messgröße, die aufdeckt, wie sehr Ihr Angebot im Gespräch ist. Außerdem können Sie den Link zurückverfolgen; das heißt, die Seite aufrufen, in der der Verweis auf Sie enthalten ist. So lässt sich auch feststellen: Was reden die denn über mich?

Erfolgsstatistik für Ihr Weblog

Bei Weblogs spielen neben den Zugriffszahlen aus der Websitestatistik noch weitere Parameter eine Rolle – Blogs sind vernetzt und so ist es nur folgerichtig, den Spuren dieser Vernetzung nachzugehen. Sie bieten Indizien für den Erfolg des Weblogs und für jedes einzelne Posting, das Sie geschrieben haben. Hier ein paar der üblichen Messgrößen:

Wie häufig gelesen. In einigen Weblogs wird angezeigt, wie häufig bestimmte Postings gelesen werden. Für Sie ein wichtiges Indiz dafür, wie weit die Nachricht direkt verbreitet wurde.

Anzahl der Kommentare. Die Anzahl der Kommentare ist ein Anhaltspunkt, wie stark das Thema auf Interesse stößt. Manche Weblogpostings erhalten Dutzende, manche sogar Hunderte oder einige mehr als 1000 Kommentare. Im Jahre 2005 suchte ich mal nach dem deutschsprachigen Weblogeintrag mit den meisten Kommentaren. Ich fand ein Weblog-Posting über die Gruppe „Tokio Hotel", das mehr als 2500 Mal kommentiert wurde. Allerdings: Wer da genauer hinsah, merkte, dass viele Kommentare nur ein paar Begriffe wie „süß" oder „geil" enthielten. Ein Hinweis darauf, dass die bloße Kommentarstatistik noch nicht viel verrät.

Trackback/Pingback. Zeigt, wer welchen Blogbeitrag zitiert oder diskutiert hat. Dabei wird Ihnen der Link des Artikels, der auf Ihren Bezug nimmt, übermittelt. Je nach verwendeter Weblogsoftware muss dieser Link manuell zur Übermittlung eingegeben werden oder kann automatisch verschickt werden. Bei der Funktion Pingback wird der Link von Ihnen als Autor angefordert.

Referrer/Eingehende Links. Wenn Sie eine Website wie Technorati aufrufen, können Sie feststellen, wie häufig Ihr Blog insgesamt und wie häufig einzelne Beiträge verlinkt wurden. Die eingehenden Links sehen Sie aber auch mithilfe des Analysetools, das Ihr Bloghost anbietet oder das Sie auf dem Server selbst installiert haben.

Erfolgskontrolle für YouTube und andere Videoportale

Videoportale stellen ein paar Kennziffern öffentlich bereit, die es Ihnen möglich machen, zu registrieren, wie anziehend ein von Ihnen eingestelltes Video ist. Sie offerieren Ihnen sowohl ein paar quantitative als auch qualitative Messgrößen. Bei YouTube sind das zum Beispiel:

- Die Anzahl, wie oft das Video angesehen wurde,
- Die Anzahl der Bewertungen,
- Die Art der Bewertung/das Rating,
- Die Anzahl der Kommentare,
- Die Anzahl der Nutzer, die das Video zu ihren Favoriten erklärt haben,
- Die Anzahl der Websites, die das Video verlinken.

Quantitative Messungen bei E-Mails

Gut messbar sind auch die E-Mail-Marketingmaßnahmen. Sie geben sowohl Hinweise zur Nutzung der E-Mails insgesamt, als auch Hinweise auf den Grad der Weiterverbreitung. So ist im E-Mail-Marketing unter anderem messbar, ob eine E-Mail als Empfehlung weitergeleitet wurde oder nicht.

Öffnungsrate (in Prozent). Gibt an, wie hoch der Anteil der Mail-Empfänger ist, die Ihre E-Mail tatsächlich geöffnet haben. Ermittelt werden kann auch eine „Mehrfachöffnungsrate“, die feststellt, wenn E-Mails von den gleichen Empfängern mehrfach geöffnet werden.

Klickrate (in Prozent). Gibt an, wie hoch der Anteil der Mailempfänger ist, die mindestens einen Link in einer E-Mail angeklickt haben.

Click-Through-Rate (in Prozent). Gibt an, wie hoch der Anteil der Empfänger ist, die aufgrund der erhaltenen E-Mail die gewünschte Aktion durchgeführt haben, also z. B. auf einen Bestell-

Link klickten, um ein Produkt zu kaufen oder einen Newsletter zu abonnieren oder eine weitere Werbewebsite anzuklicken.

E-Mail-Weiterleitungsrate (in Prozent). Die Weiterleitungsrate gibt an, wie häufig die Empfänger Ihre E-Mail an Freunde, Familie oder Dritte weitergeleitet haben. Ein gutes Indiz dafür, ob die Inhalte einer E-Mail so ansteckend waren, dass sie für die Weiterempfehlung taugte.

Qualitative Messungen – online und offline

Gerade wenn Sie sich mit qualitativen Messungen befassen, gewinnen Sie wertvolle Erkenntnisse über die Akzeptanz des Unternehmens, Ihrer Produkte oder Dienstleistungen.

- Was sagen Nutzer über Ihr Unternehmen und seine Produkte?
- Wie verändern sich diese Aussagen über Monate und Jahre?
- Welche Eigenschaften Ihres Unternehmens oder Ihrer Angebote werden diskutiert - welche werden positiv und welche negativ bewertet?
- Gibt es regionale oder nationale Unterschiede in der Wahrnehmung Ihres Unternehmens?
- Wie wirken sich Werbemaßnahmen in der öffentlichen Diskussion aus - werden sie überhaupt erwähnt? Werden sie positiv oder negativ wahrgenommen?
- Fließen die Botschaften Ihrer Werbe- und Kommunikationsmaßnahmen in Nutzergespräche ein oder werden andere Themen diskutiert?
- Wie werden Ihr Kundenservice oder andere Businessprozesse von den Nutzern bewertet?

Mit anderen Fragen können Sie sich auch der Entdeckung und Bewertung von Empfehlungen und Kritik widmen oder der Person des Empfehlers oder Kritikers in Ihrem Kundenkreis. Interessant ist unter anderem festzustellen, ob bestimmte Personen oder Personengruppen signifikant zufriedener oder unzufriedener sind als andere.

- Wer sind diese Personen?
- Welchen Einfluss haben sie?

- Welche Produkte haben sie gekauft?
- Wie lange sind sie bei Ihnen Kunde?
- Welche Umsätze haben sie schon bei Ihnen getätigt?
- Treten die Empfehlungen oder Kritiken nach bestimmten Ereignissen gehäuft auf?
- Stehen diese in Zusammenhang mit Marketingaktivitäten wie Preiserhöhungen/-senkungen, Änderungen von Produktfeatures?
- Gibt es zeitliche oder regionale Unterschiede, was Kritik und Empfehlungen angeht?

Auswertung von Inhalten

Die meisten Erkenntnisse gewinnen Sie, wenn Sie Beiträge, die Ihr Unternehmen betreffen, inhaltlich analysieren. Die Kriterien für eine Inhaltsanalyse müssen Sie freilich für jeden Fall selbst definieren. Denkbar sind folgende Analysen: Gibt es überwiegend Zustimmung oder Ablehnung? Worauf gründen sich Zustimmung oder Ablehnung? Was sind die meistbesprochenen Punkte? Werden auch Kommentare zu Wettbewerbern abgegeben? Äußern die Kommentatoren Verbesserungsvorschläge, Ideen oder Wünsche?

Auswertung von Ratings/Votings

In zahlreichen Shops kann man Produkte bewerten – bei Amazon beispielsweise werden null bis fünf Sterne vergeben. Ähnliche Voting- oder Ranking-Systeme haben sich auch auf den Videoportalen durchgesetzt. Sie geben einen Anhaltspunkt inwieweit Ihr Produkt oder Beitrag Zustimmung findet oder nicht, oder ob es etwa stark polarisiert. Polarisierung muss kein Nachteil sein – fast immer finden sich bei Beiträgen, die von Apple Fans enthusiastisch kommentiert werden auch Schimpftiraden der Apple-Gegner.

Mundpropaganda offline entdecken und messen

Leider (oder Gott sei Dank!) gibt es keine Möglichkeiten, die persönlichen Gespräche der Menschen so zu untersuchen, wie wir ihr Surfverhalten im Internet analysieren können. Um herauszufinden wer, wie, was spricht, sind wir wiederum auf Medien und deren Auswertungsmöglichkeiten angewiesen. Oder wir bewegen uns möglichst im Umfeld der Kunden und können ihre Gespräche als Teilnehmer nicht nur mithören, sondern auch mitgestalten. Vielleicht meinte deshalb das Cluetrain Manifest: Märkte sind Gespräche!?

Befragungen. Die Ermittlung des Net Promoter Score per Befragung nach Frank Reichheld ist heute eine der weltweit am weitesten verbreiteten Methoden, der Mundpropaganda auf die Spur zu kommen. So einfach und so wirkungsvoll die Anwendung des NPS-Verfahrens auch ist – es misst leider nur die Empfehlerquote des Unternehmens. Für alle anderen Erkenntnisse über das, was die Kunden über einen sprechen, hilft nur eines: Man muss mit den Leuten selber reden!

8. So überlebt man negative Mundpropaganda

Kennen Sie das Telekomhasser-Buch? Oder das Posthasser-Buch? Oder das Bahnhasser-Buch? Die drei größten Unternehmen Deutschlands – allesamt ehemalige Staatsbetriebe – haben so gut wie mit jedem Haushalt zu tun und können am meisten falsch machen. Aber wie viel muss eigentlich passiert sein, bis man damit ein ganzes Buch füllen kann? Wie ignorant und schwerhörig müssen die Manager dieser Unternehmen gewesen sein, auf die Kritik, die allerorten nachzulesen ist, nicht zu reagieren?

Kritik birgt so viele Chancen – man kann sich nur dafür bedanken, auf die Schwachstellen aufmerksam gemacht zu werden. Kritik bietet einen Ansatzpunkt für interne Schulung und eine hohe Motivation. Keine Frage: zunächst ist Kritik niederschmetternd, frustrierend und kann einen wütend machen. Aber wenn sich das Gefühl gelegt hat, sollte der Moment kommen, wo man Kritik zu seinem Freund macht. Jede Kritik ist ein konkreter Hinweis auf das, was Verbraucher wünschen und wo Unternehmen Verbesserung anbringen müssen.

Gerüchte, Lügen und Kritik

Das Internet ist eine einzige Gerüchteküche. Die Möglichkeit, dass jeder vom passiven Leser und Surfer auch zum aktiven Autor, Rezensenten oder Kritiker werden kann, führt dazu, dass sich im Internet eine Vielzahl unterschiedlicher Meinungen finden lässt. Darunter sind natürlich bewusste Lügen, falsche Behauptungen, berechtige und unberechtigte Kritik sowie haarsträubende Storys wie die urbanen Legenden.

Urbane Legenden

Vielleicht haben Sie von dem Gerücht schon gehört, dass in Hamburgern das Fleisch von Regenwürmern enthalten sei. Aufgekommen ist es wohl bereits Anfang der 70er Jahre in den USA. Das Gerücht hat sich in einigen Gegenden der USA so stark verbreitet, dass tatsächlich zahlreiche Restaurants über Umsatzeinbußen klagten. 1978 sah sich das Unternehmen gezwungen, auf einer Pressekonferenz darauf zu reagieren. Zusammen mit einem Vertreter des US-Landwirtschaftsministeriums versicherte das Unternehmen, dass Hamburger keine Regenwürmer enthalten und die von McDonald's verkauften Produkte im Einklang mit den strengen gesetzlichen Bestimmungen erzeugt werden.

Dieselbe Information wurde von McDonald's auch in einer Aufklärungskampagne weiterverbreitet. Aber die Gerüchte kamen damit nicht zum Erliegen. Eines ist an der Erklärung schon aufgefallen – sie fiel nicht besonders überzeugend aus. Allerdings trug gerade diese Kampagne dazu bei, das Gerücht noch weiter zu verbreiten. Wie das Unternehmen in späteren Untersuchungen feststellte, hatten 35 % der Befragten erst von McDonald's selbst von diesem Gerücht erfahren.

Das macht es Unternehmen sehr schwer auf Gerüchte zu reagieren, wenn offenbar jede Antwort das Gerücht weiter anheizt. Jede Antwort? Nein, man muss nur die richtige, die plausible Antwort geben.

Wenn Sie heute nach den Regenwürmern bei McDonald's im Internet suchen, finden Sie die Geschichte als eine urbane Legende. Überzeugt hat wohl am Ende die Erklärung des McDonald's Eigners Ray Kroc, der dazu meinte, Regenwürmer seien viel zu teuer. Schließlich koste ein Hamburger einen Dollar. Und ein Pfund Regenwürmer 6 Dollar. So kontert man richtig.

Was ist eine Lüge? Was ist eine berechtigte Kritik? Schon allein diese Unterscheidung fällt im Einzelfall sehr schwer. Verärgerte Kunden tragen ihre Kritik außerdem nur selten sachlich vor – ihre Äußerungen sind wütend und verletzend für den Kritisierten. Dennoch lohnt es sich genau zu ermitteln, worin die Kritik des Kunden besteht.

Vom Autor Lothar Seiwert stammt ein schönes Beispiel, das aufzeigt, wie wichtig es ist, die Botschaft des Kunden richtig zu interpretieren: „Nur wenn ich oberflächliche, oft emotionale Äußerungen des Kunden hinterfrage und dadurch das dahinter steckende Motiv erkenne, kann ich meine Handlungsweise wirklich effektiv verbessern. Dies möchte ich Ihnen an einem Beispiel des amerikanischen Supermarktes ‚Stew Leonard' verdeutlichen:

In einem Video über eine Talk-Runde mit Kunden des Marktes – einer Art ‚Kundenparlament' – sagt eine Kundin: ‚Der Fisch ist nicht frisch genug!' Darauf erwidert der Einkäufer: ‚Das kann nicht sein, er wird jeden Tag frisch geliefert!' Erst in der anschließenden engagierten Diskussion zwischen den beiden klärt sich auf, was die Kundin mit ‚nicht frisch' meint: was ihr missfällt, ist, dass der Fisch tiefgefroren und zellophanverpackt in einer Truhe liegt." (aus StrategieJournal 2/99, http://www.seiwert.de/download/Strategie.Journal.LJS-INT99.pdf downgeloadet am 17.5.2007, 9:14 Uhr))

Abtauchen, stillhalten, einmischen

Aus den Zeiten der Massenmedien kennen wir noch die Methode, sich zu Kritik am besten gar nicht zu äußern, indem man einfach für ein paar Tage von der Bildfläche verschwindet – Methode „Abtauchen". Diese Methode hat sich unter Politkern bis heute aufrecht erhalten – ebenso wie die zweite, die des „Stillhaltens", die mit den Worten „Dazu möchte ich keine Stellungnahme abgeben" einhergeht.

Während der Ära des Bundeskanzlers Kohl waren die Verhaltensweisen als Aussitzen geadelt worden. Im Internet ist dies ein völlig untaugliches Verhalten zur Krisenbewältigung. Denn während Politiker bei Massenmedien davon ausgehen können, dass morgen neue Nachrichten kommen und die kostbare Sendezeit nur für neue Nachrichten und nicht für ein stetiges Nachfassen bei alten Meldungen verwendet wird, ist dies im Internet völlig anders.

Jede negative Meinungsäußerung wird gespeichert. Sie bleibt dann über Jahre sichtbar und kann beispielsweise in Blogs oder Foren durch weitere Ergänzungen und Kommentare ausgeschmückt und erweitert – in jedem Falle aufrechterhalten werden. Besser ist es tatsächlich, sich einzumischen – aber nicht wie die Mitarbeiter des Klingeltonvertreibers Jamba. Die hatten sich in die laufende Diskussion über einen kritischen Beitrag über das Unternehmen eingemischt – allerdings unter Decknamen oder anonym.

Richtig wäre es gewesen, als Jamba-Vertreter offen zu kritischen Meinungsäußerungen Stellung zu beziehen.

Wie Sie am besten auf Kritik reagieren

Nicht verstärken

Das Wichtigste ist, wenn Sie auf Kritik reagieren, sei sie berechtigt oder unberechtigt, diese nicht zu verstärken. Allerdings kann sie durch jede Ihrer Handlungsweisen verstärkt werden – dadurch, dass Sie keine Stellungnahmen abgeben, können sich Gerüchte erst recht vermehren. Der Ärger und die Wut der Kritiker können anwachsen. Abstreiten ist eine ebenso untaugliche Methode. Wer auf Kritik mit den Worten reagiert: „Das kann nicht sein", signalisiert zudem, dass er die vorgetragene Kritik nicht ernst nimmt.

Den richtigen Zeitpunkt finden

Dies ist einer der wichtigsten Punkte im Umgang mit Kritik. Sowohl berechtigte als auch unberechtigte Kritik kann ein sofortiges Eingreifen nötig machen. Bei öffentlich geäußerter Kritik müssen Sie stets in zwei Richtungen arbeiten: Erstens eine Stellungnahme gut sichtbar dort abgeben, wo die Kritik geäußert wurde. Zum anderen sollten Sie versuchen, den Kritiker selbst zu kontaktieren, um ihn zufrieden zu stellen.

Souverän und angemessen reagieren

Dazu gehört, dass Sie in keinem Fall die Kritiker beschimpfen. Und dazu gehört, dass Sie in jedem Fall sachlich bleiben und das Problem und seine Lösung erläutern. Übrigens: Ein Dankeschön hilft bei jeder auftretenden Kritik! Es leitet Ihre Stellungnahme um einiges versöhnlicher ein und macht Sie nicht nur bei Kritikern, sondern auch bei den Mitlesern sympathischer.

Fehler eingestehen

Bei berechtigter Kritik: Geben Sie Ihre Fehler ohne Umschweife zu! Drücken Sie sich klar dabei aus. Ein halbes Eingeständnis ist schlechter als gar keines. Kommunizieren Sie auch so klar wie möglich, wie Sie Abhilfe schaffen wollen, um Fehler abzustellen oder ihr Auftreten zu verhindern.

Den Hund an der Leine lassen

Hüten Sie sich vor Drohungen oder Einschüchterungsversuchen. Lassen Sie den Anwalt aus dem Spiel - selbst wenn er juristisch gute Gründe für das Versenden von Abmahnungen und Unterlassungserklärungen findet. Nicht jeder Anwalt ist ein guter Kommunikationsberater, der Ihnen das Beste für Ihr Unternehmen rät.

Anonyme Kritik löschen

Sofern Kritik anonym auf Ihrer Website vorgetragen wird, löschen Sie diese. Machen Sie durch einen Hinweis in dem von Ihnen betriebenen Blog oder Forum deutlich, welche Regeln für Kritik gelten. Dazu gehört natürlich auch, dass Sie obszöne, sexistische, rassistische oder aggressive Verlautbarungen nicht dulden dürfen.

Maskerade als Erfolgsfaktor

14 gefälschte Websites für ein Buch. Eine Pille, die einen cool macht? Gibt's nicht. Gibt's vielleicht doch, wenn in der Pille kein chemischer Wirkstoff, sondern ein Minicomputer eingebaut wird, der einen immer dann berät, wenn man drauf und dran ist, das Falsche zu tun oder zu sagen.

Squip heißt der Minicomputer mit der sozialen Intelligenz. Und das Ganze ist der Plot zu einer Erzählung (Be More Chill) von Ned Vizzini. Um das Buch zu bewerben, ließ der Autor eine Website gestalten, die wie eine Verkaufsseite für Squips aussehen sollte. So, als seien Squips real. Sein Webdesigner baute ihm statt einer gleich 14 Websites, die vorgaben alle Themen rund um diesen Minicomputer abzudecken. Ein Mini-Universum.

Das Ergebnis: Er erhielt innerhalb weniger Wochen 2000 E-Mails von Interessenten, die den Squip kaufen wollten. Hoax nennt man den Trick, Surfer mit gefälschten Websites zu foppen. Ned Vizzini wollte aber niemand foppen. Ihm ging es darum, die Leute stärker in die Geschichte hineinzuziehen. Was ihm wohl gelungen ist. Auf den Seiten diskutieren die Leser heftig untereinander, was sie mit Squips anstellen können. Als er offenbaren musste, dass es den Squip nicht gibt und er damit nur seinen Roman bewerben wollte, waren ihm die Leute nicht böse – obwohl er sie gefoppt hatte.

Verbraucher finden Fake-Websites nur in ganz wenigen Fällen witzig. Und zwar nur dann, wenn es sich um perfekte Unterhaltung handelt. In 99 % der Fälle fühlen sie sich auf den Arm genommen oder hintergangen.

Gefakete Weblogs als dauerhafte Täuschung

Immer wieder fliegen Unternehmen mit gefaketen Weblogs auf. Warum? Wenn Sie wissen wollen, warum sie auffliegen, ist die Antwort die: Weil sie die Tarnung nicht perfekt genug angehen. Wer bei einem Fake-Blog absolut keine Spur zu sich legen will, sollte ein paar grundlegende Dinge beachten:

- URL-Registrierung durch eine dritte Person, zu der bisher kein Geschäftskontakt bestand,
- Hosting bei einem neuen Hostingpartner - keinesfalls auf dem Firmenserver,
- Postings nur im Internetcafé schreiben,
- Verräterisch sind natürlich auch Einträge in Markenregistern.

Wenn Sie aber wissen wollen, warum Unternehmen überhaupt gefakete Websites aufbauen, dann gibt es dafür zwei Gründe. Die einen wollen über eine zweite oder dritte Identität ihr eigenes Unternehmen loben und Mitbewerber attackieren. Die anderen haben sich von Memetik-Experten erzählen lassen, dass sich aufgrund des Triggers Mystifizierung/Aufklärung gefakete Websites besonders gut als Gesprächsstoff eignen. Leider ist das kein Allheilmittel. Als ich im Februar 2007 die angebliche Website einer „Therapiegruppe zur Überwindung des inneren Schweinehundes“ (http://ueberwinde-deinen-schweinehund.de) entdeckte, war ich der erste Blogger, der einen Link drauf setzte. Dabei hatte das Unternehmen Yello Strom bereits seit vier Wochen versucht, mit Texten und Videos eines angeblichen Motivationstrainers Aufmerksamkeit zu erzielen. Die Videos waren nicht ganz billig, schätze ich. So kam die Erfahrung mit einer gefaketen Aktion Schiffbruch zu erleiden, den Energieversorger Yello Strom vermutlich teuer zu stehen.

In der Mehrzahl der Fälle wählt man die Tarnung also nur, um als Urheber entdeckt zu werden. Die Marketingleute spielen also Verstecken, um sich lustvoll enttarnen zu lassen. Allerdings gibt es auch Weblogs, die zur gezielten Desinformation der Öffentlichkeit installiert werden. So hatte US-Einzelhandelsriese Walmart die fatale Idee ein Fake-Blog einzusetzen, um gegen sein negatives Image in der Öffentlichkeit zu steuern. In dem fingierten Blog berichtete ein Paar von seiner Reise mit einem Wohnmobil quer durch die USA. Dabei parkten sie ihr Wohnmobil auf den Parkplätzen von Walmart und berichteten von Plaudereien und netten Begegnungen mit begeisterten Walmart Angestellten. Die Tarnung währte nur kurz – das angebliche Pärchen waren Mitarbeiter der PR Agentur Edelmann.

Alternate Reality Games

Im Sommer des Jahres 2006 erhielten Blogger seltsame Postkarten oder Briefe, die Gegenstände enthielten. Zum Beispiel ein Kaleidoskop oder den Ausriss einer Todesanzeige. Was macht man in so einem Fall? Zunächst denkt man, der Absender habe die falsche Empfängeradresse aufgeschrieben. Dann hält man es für einen blöden Scherz. Oder man googelt. Wer sich dann hinsetzt und per Google News- und Blogsuche der Sache nachging, konnte schnell feststellen: auch andere haben diese seltsame Post erhalten. Schon bald wiesen die Spuren auf das Blog eines Berliner Restaurators: Philipp Retingshof. Doch die Einträge dort gaben ebenfalls nur Rätsel auf. Die Empfänger der Karten waren auf unfreiwillige Weise in ein Spiel hineingezogen worden, dass die reale und virtuelle Ebene der Wirklichkeit zu einer neuen Realität verknüpfen wollte.

Alternate Reality Games, wie diese Spielgattung heißt, benutzen alle verfügbaren Medien, sowohl online als auch offline. Die Darsteller des Spiels interagieren auf höchst reale Weise mit den Mitspielern – man kann sie anmailen, mit ihnen chatten oder sogar mit ihnen telefonieren. Dabei enthalten diese Spiele Rätsel, die nur gemeinsam gelöst werden können – die Mitspieler müssen also auch interagieren, um gemeinsam Spuren zu sammeln, die zur Auflösung des Geheimnisses führen.

Das erste Alternate Reality Game (kurz: ARG) in Deutschland, das von der Berliner Viral Marketing Agentur VM People durchgeführt wurde, war eine Werbeaktion für eine neue CD der Musikgruppe Enigma, die heftig und auch kontrovers diskutiert wurde. Innerhalb kürzester Zeit fanden sich bei Google 140 000 Webseiten zum Suchbegriff „Philipp Retingshof". Das beworbene Album erreichte eine Top Ten-Platzierung in den Charts.

Die drei Stufen bis zum PR-Gau

Stufe 1: Sie werden in einem Blog oder Forum kritisiert. Das müssen Sie ernst nehmen, unabhängig davon, ob dies ein einflussreicher Blogger (Forumsbetreiber) ist oder nicht. Denn jeder einzelne kritische Beitrag kann eine Lawine lostreten.

Was Sie jetzt tun müssen:

Reagieren Sie auf kritische Stimmen sofort!

Kommentieren Sie in den Blogs und Foren, die Sie kritisieren.

Vergrößern Sie nicht die Plattform für die Kritik, indem Sie diese auf Ihrer eigenen Website wiedergeben.

Stufe 2: Die kritischen Stimmen mehren sich. Es kommen weitere kritische Stimmen hinzu – die Ursprungskritik wird stark kommentiert, zitiert und verlinkt.

Was Sie jetzt tun müssen:

Versuchen Sie mit den Urhebern der Kritik ins persönliche Gespräch zu kommen. Schildern Sie den Sachverhalt aus Ihrer Sicht. Bleiben Sie im Gespräch und drohen Sie nicht mit dem Rechtsanwalt.

Sorgen Sie mit einer 24-Stunden-Präsenz dafür, dass das Thema permanent beobachtet wird.

Stufe 3: Die Top-Blogs entdecken das Thema. Unter den kritischen Stimmen sind nun mehrere einflussreiche Blogger. Bereits jetzt befindet sich die schlechte Nachricht in einer Eskalationsstufe. Die ersten klassischen Medien werden darauf aufmerksam. Von da zum Schritt in die Wirtschaftsmagazine oder die Abendnachrichten ist es nicht mehr weit. Denn jetzt greifen auch die ersten Journalisten das Thema auf.

Was Sie jetzt tun müssen:

Jetzt ist der Zeitpunkt gekommen, zusätzlich auf Ihrer Website oder in Ihrem Weblog Informationen zu den Themen zu posten. Denn die Menschen, die von kritischen Äußerungen erfahren, werden nun auch Sie beobachten – wie reagieren Sie darauf? Ist was dran? Oder nicht?

Seien Sie auf Medienanfragen vorbereitet!

Setzen Sie sich mit der Kritik auch intern auseinander und informieren Sie die Mitarbeiter über die Ereignisse.

Informieren Sie die Fans Ihres Unternehmens.

Achtung: Die Zeiträume, von Stufe 1 bis 3, sind im Falle einer Eskalation sehr kurz. In Extremfällen passiert dies innerhalb von 24 Stunden.

Mundpropaganda – die schmutzigen Tricks der Branche

In einer Welt, in der die Verbrauchermeinung eine große Rolle spielt, wollen die Unternehmen nicht darauf warten, bis sich ein Verbraucher lobend äußert. Sie beauftragen einfach Agenturen, die für die notwendigen positiven Meinungsäußerungen in Reiseportalen oder bei Amazon sorgen.

Gefälschte Äußerungen können dabei zwei Ziele erfüllen – das eigene Unternehmen und seine Produkte anzupreisen. Oder sich über Konkurrenten negativ zu äußern. Beide Fälle kommen vor. Aber nur die Unternehmen, die sich am dümmsten anstellen, müssen befürchten, entdeckt zu werden.

Kaum ein Verbraucher ist aufmerksam genug, um die Wahrscheinlichkeit einer gefälschten Aussage zu erkennen. Dabei unterlaufen zahlreichen Fälschern Fehler wie diese:

- Sie posten ihre Beiträge unter der firmeneigenen IP-Adresse.
- Sie verwenden eigene IP-Adressen.
- Sie schreiben nur einen oder wenige Beiträge.
- Sie sind neu im Forum und haben „noch keine Geschichte“.
- Sie sind den anderen Forumsteilnehmern unbekannt.
- Sie schreiben den gleichen Wortlaut bei mehreren Foren.

- Sie verwenden firmeninterne Bezeichnungen oder Fachjargon.
- Sie verwenden Textbausteine aus PR-Meldungen oder Werbetexten.

Die Tricks der Buzz-Agenten

Die BzzAgents, die ja ein ganzes Heer von freiwilligen Mundpropagandisten haben, sind, was Tricks angeht, auch nicht zimperlich. Ich wette, vieles kommt Ihnen jetzt albern vor. Aber die Agentur versichert, es funktioniert.

Um zum Beispiel ein Buch zu bewerben, wird:

- Das Buch an den Arbeitsplatz mitgenommen.
- Das Buch versehentlich bei einem Arbeitskollegen liegen gelassen.
- Das Buch beim U-Bahn Fahren gelesen.
- In der Buchhandlung nach dem Buch gefragt.

Schon die erste Kampagne, bei der sie das Buch „Frog King“ des Penguin Verlages promoten sollten, hatte auf diese Weise funktioniert und die Erwartungen des Verlages übertroffen. Die erste Auflage von 50 000 Exemplaren verkaufte sich in nur drei Monaten.

Die Kampagne für Lee Jeans One True Fit. Der Jeans Hersteller Lee Jeans gab im Jahre 2006 eine Kampagne in Auftrag, bei der 1 000 BzzAgents zum Einsatz kamen. Beworben werden sollte eine Jeans, die vor allem für jüngere Frauen entwickelt wurde und deren Produktversprechen darin lag „perfekt zu sitzen“.

Kampagnenablauf:

- Briefing des Auftraggebers,
- Festlegung der Kampagnenziele und der Messmethoden,
- Auswahl der geeignete BzzAgents,
- Entwicklung des Kampagnenmaterials,
- Briefing der BzzAgents,
- Kampagnenstart,
- Reporting der BzzAgents,
- Auswertung der Kampagne/Bericht an den Kunden.

Nachdem die 1 000 geeigneten Personen aus dem Pool der BzzAgents ausgewählt waren, erhielten die Teilnehmerinnen das

Kampagnenmaterial. Jede Teilnehmerin bekam eine One True Fit Jeans in ihrer Größe sowie Informationsmaterial über das Produkt und seine Entstehungsgeschichte, eine Liste möglicher „Zielpersonen", die innerhalb der Kampagne angesprochen werden sollten, eine Liste mit zwölf verschiedenen Ideen für das Mundpropaganda-Programm, eine DVD mit der aktuellen TV-Werbung für die One True Fit Jeans.

Wenn die Fieberkurve absinkt und die Mundpropaganda abebbt

Wie wir in den vorangegangenen Kapiteln gesehen haben, gibt es eine Vielzahl von Gründen, weshalb manche Empfehlungen wirksamer sind als andere. Für das Mundpropaganda-Marketing ist es wichtig, dass aus Empfehlungen Weiterempfehlungen werden. Je längere Ketten von Empfehlern sich bilden, desto nachhaltiger wirkt die Mundpropaganda. Das kann auch bedeuten, dass sich der Wirkungszeitraum von Mundpropaganda ausdehnt.

(1) Empfehlung wirkt nicht: Die Empfehlung erzeugt keine Weiterempfehlung. Das kann verschiedene Gründe haben. Der Empfehler ist nicht vertrauenswürdig, man findet ihn unsympathisch oder hält ihn für inkompetent.

Die Empfehlung wirkt weniger, wenn man bereits eine Menge anderer Empfehlungen dazu erhalten hat. Genau das ist der Fall, wenn alle Welt darüber redet. Auch wenn die Forscher nicht wissen wie viel Empfehlungen es genau braucht, damit die Wirksamkeit abnimmt, ist es doch sicher, dass ein Zuviel an erhaltenen Empfehlungen die Bereitschaft ihnen zu folgen und sie weiter zu erzählen, abnimmt.

(2) Der Kauf beendet das Gerede: Die Wahrscheinlichkeit, eine Empfehlung selbst weiterzutragen, endet oft mit dem Kauf. Es ist nahe liegend anzunehmen, dass - sobald eine Sache erworben oder nicht mehr neu ist- die Begeisterung nachlässt. Man könnte das auch den Polaroid-Effekt nennen, den Marketingspezialisten in den siebziger Jahren entdeckten. Sobald man eine Polaroid-Kamera gekauft hatte, machte man ständig Polaroid-Fotos. Nachdem man zwei bis drei Filme verknipst hatte, sank das Interesse schlagartig und die Polaroid-Kamera blieb ungenutzt in der Ecke liegen.

Zahlreiche Mundpropaganda-Kampagnen zeigen einen typischen Verlauf wie diesen.

Egal, ob der Anstieg in wenigen Tagen oder Wochen über die Bühne geht, nach dem Erreichen des Höhepunktes flacht das Interesse dann wieder ab. Möglicherweise trifft dieser Verlauf auf die meisten Mundpropaganda-Kampagnen zu – aber finden wir nicht auch Gegenbeispiele? Genügend. Es gibt eine Vielzahl von Unternehmen, die jahrelang neue Kunden durch anhaltende Mundpropaganda gewinnen und bei denen Grafiken einen anderen Kurvenverlauf nehmen würden. Die Wahrheit ist: Verläufe wie diese zeigen in der Regel die Wirkungsweise und den Verlauf von Viral Marketing-Kampagnen – also von spektakulären Aktionen, die eine Zeit lang riesige Aufmerksamkeit gewonnen haben. Dann flachen sie naturgemäß ab. Aus den verschiedensten Gründen ist es nicht mehr interessant, eine lustige Website weiterzugeben. Vor allem dann, wenn ich damit rechnen muss, dass ich mit dem Hinweis auf einen lustigen Film oder eine spektakuläre Website nichts Neues mehr verrate.

Die Untersuchungen von Didier Sornette von der Universität von Kalifornien in Los Angeles (UCLA) und seinem Team („Endogenous Versus Exogenous Shocks in Complex Networks: An Empirical Test Using Book Sale Rankings“ in „Physical Review Letters“, Bd. 93, S. 228701, Ausgabe vom 26.11.2004) zeigen, dass viele Mundpropaganda-Kampagnen diese Verläufe dann nehmen, wenn Einflüsse von außen sie auf ein außergewöhnliches Niveau pushen. Dann kommt es tatsächlich wieder zu Höhepunkten – das Gerede schwillt erneut an. Aber Außeneinflüsse, die Forscher nennen sie auch exogene Schocks, pushen die Mundpropaganda nicht auf ein dauerhaft höheres Niveau, sondern die Gespräche ebben danach wieder ab, pendeln sich auf dem vorherigen Niveau wieder ein. Wer Mundpropaganda-Marketing macht, kann sich daher ebenso wenig ausruhen wie ein Verkäufer, der mehr Umsatz machen möchte. Er muss Tag für Tag aufs Neue versuchen, bemerkenswert zu sein.

Literaturhinweise

Balter, Dave und Butman, John; Grapevine: The New Art of Word-Of-Mouth Marketing; Portfolio; ISBN: 1591841100

Blisset, Luther und Brünzels, Sonja; Handbuch der Kommunikationsguerilla.; Assoziation; ISBN: 3935936044

Gladwell, Malcolm; Der Tipping Point. Wie kleine Dinge Großes bewirken können.; Goldmann; ISBN: 3442127807

Godin, Seth; Permission Marketing; FinanzBuch Verlag; ISBN: 3932114523

Godin, Seth; Purple Cow. So infizieren Sie Ihre Zielgruppe durch Virales Marketing; Campus Verlag; ISBN: 3593374277

Hughes, Mark; Buzzmarketing: Get People to Talk about Your Stuff: Get People to Talk About Your Stuff; Portfolio; ISBN: 1591840929

Kirby, Justin und Marsden, Paul; Connected Marketing: The Viral, Buzz and Word of Mouth Revolution; Butterworth Heinemann; ISBN: 075066634X

Langner, Sascha; Virales Marketing. Was Google, GMX und Napster erfolgreich macht.; Businessvillage; ISBN: 3934424252

Langner, Sascha; Viral Marketing; Gabler; ISBN: 3409142703

McConnell, Ben und Huba, Jackie; Creating Customer Evangelists: Profit from Turning Loyal Customers into a Volunteer Sales Force; Kaplan Business; ISBN: 0793155614

McConnell, Ben und Huba, Jackie; Citizen Marketers: When People Are the Message; Kaplan Business; ISBN: 1419596063

Röthlingshöfer, Bernd; Marketeasing. Werbung total anders; Erich Schmidt Verlag Berlin; ISBN: 3503090525

Röthlingshöfer, Bernd; Werbung mit kleinem Budget; Der Ratgeber für Existenzgründer, kleine und mittlere Unternehmen; Beck-Wirtschaftsberater im dtv; ISBN: 3423508760

Rosen, Emanuel; The Anatomy of Buzz: How to Create Word of Mouth Marketing; Currency; ISBN: 0385496680

Schüller, Anne M. und Fuchs, Gerhard; Total Loyalty Marketing; Gabler; ISBN: 3834902136

Sernovitz, Andy; Word of Mouth Marketing: How Smart Companies Get People Talking; Kaplan Business; ISBN: 1419593331

Silverman, George; The Secrets of Word-of-Mouth Marketing: How

to Trigger Exponential Sales Through Runaway Word of Mouth; Amacom; ISBN: 0814470726
Surowiecki, James; Die Weisheit der Vielen; Bertelsmann; ISBN: 3570006875
Whitaker, Andrew; Viral Marketing in a Week; Hodder Arnold H&S; ISBN: 0340849045

Sachverzeichnis

Buchanzeigen

Management und Marketing

Rittershofer
Wirtschafts-Lexikon
Über 4000 Stichwörter für Studium und Praxis.

3. Aufl. 2005. 1214 S. €
€ 20,–. dtv 50844

Schneck
Lexikon der Betriebswirtschaft
3500 grundlegende und aktuelle Begriffe für Studium und Beruf.

7. Aufl. 2007. 1104 S. €
€ 19,50. dtv 5810

Schultz
Basiswissen Betriebswirtschaft
Management, Finanzen, Produktion, Marketing. Das Buch bietet einen Überblick über die gesamte Betriebswirtschaft und ist gleichermaßen Nachschlagewerk wie Handbuch für Studium und Praxis.

2. Aufl. 2006. 335 S. €
€ 10,–. dtv 50863

Pepels
Marketing-Lexikon
Über 3000 grundlegende und aktuelle Begriffe für Studium und Beruf.

2. Aufl. 2002. 969 S. €
€ 22,–. dtv 5884

Schäfer
Management & Marketing Dictionary
Englisch – Deutsch / Deutsch – Englisch. Die vollständig überarbeitete Neuauflage enthält in nun einem Band mehr als 26 000 Stichwörter.

3. Aufl. 2004. 768 S. €
€ 19,50. dtv 50887

Becker
Das Marketingkonzept
Zielstrebig zum Markterfolg! Die notwendigen Schritte für schlüssige Marketingkonzepte, systematisch und mit Fallbeispielen.

3. Aufl. 2005. 292 S. €
€ 10,-. dtv 50806

Hörner
Marketing im Internet
Der neue Band bietet eine Fülle von Tipps und Anregungen und unterstützt sowohl Unternehmer und Marketing-Mitarbeiter wie auch Freiberufler optimal im Online-Marketing.

1. Aufl. 2006. 308 S. €
€ 10,–. dtv 50895

Neumann/Nagel
Professionelles Direktmarketing
Das Praxisbuch mit Online-Marketing.

2. Aufl. 2007. 361 S. €
€ 14,–. dtv 5886

Röthlingshöfer
Mundpropaganda-Marketing
Was Unternehmen wirklich erfolgreich macht.
Alles über die Grundlagen, das aktuelle Wissen mit Erfolgsbeispielen, Checklisten und praxisnahe Tipps.

1. Aufl. 2008. Rd. 200 S. €
Ca. € 10,–. dtv 50914
In Vorbereitung für Dezember 2007

Wissmeier
Marketing mit kleinem Budget
Der Praxisratgeber für Selbständige, kleine und mittlere Unternehmen:
Marktinformationen, Marktstrategien, Marketing-Instrumente, Marketing-Mix, Marketingbudget, Marketingplan, Erfolgskontrolle, Erfolgsfaktoren.

1. Aufl. 2008. Rd. 200 S. €
Ca. € 10,–. dtv 50908
In Vorbereitung für Frühjahr 2008

Becker
Lexikon des Personalmanagements
Über 1000 Begriffe zu Instrumenten, Methoden und rechtlichen Grundlagen betrieblicher Personalarbeit.

2. Aufl. 2002. 677 S. €
€ 19,–. dtv 5872

Kleine-Doepke/Standop/Wirth
Management-Basiswissen
Konzepte und Methoden zur Unternehmenssteuerung.

3. Aufl. 2006. 323 S. €
€ 14,–. dtv 5861

Füser
Modernes Management
Business Reengineering, Benchmarking, Wertorientiertes Management und viele andere Methoden.

4. Aufl. 2007. 266 S. €
€ 12,–. dtv 50809

Zeichenerklärung: § Rechtsberater € Wirtschaftsberater

Diller

Vahlens Großes Marketinglexikon

2 Bände im Schuber.

2. Aufl. 2003. 1966 S. €
€ 49,–. dtv 50861

Bruhn

Kundenorientierung

Bausteine für ein exzellentes Customer Relationship Management (CRM). Innovationsmanagement, Qualitätsmanagement, Servicemanagement, Kundenbindungsmanagement, Beschwerdemanagement, Integrierte Kommunikation sowie Internes Marketing.

3. Aufl. 2007. 421 S. €
€ 15,–. dtv 50808

Schelle

Projekte zum Erfolg führen

Projektmanagement systematisch und kompakt. Systematisches Projektmanagement führt zu hoher Termin- und Kostentreue und zum sicheren Erreichen des geplanten Ergebnisses. Es lohnt sich nicht nur in der Großindustrie und bei großen Vorhaben, sondern kann auch in der mittelständischen Wirtschaft und bei kleinen Projekten gewinnbringend angewandt werden. Der Ratgeber bietet eine übersichtliche und gut verständliche Einführung.

5. Aufl. 2007. 339 S. €
€ 12,–. dtv 5888

Röthlingshöfer

Werbung mit kleinem Budget

Der Ratgeber für Existenzgründer, kleine und mittlere Unternehmen.
Ganz ohne Werbedeutsch zeigt der Ratgeber, was man für erfolgreiche Werbung braucht.

1. Aufl. 2004. 255 S. €
€ 10,–. dtv 50876

Hoffmann/Schoper/Fitzsimons

Internationales Projektmanagement

Interkulturelle Zusammenarbeit in der Praxis. Kommunikation und Information, Führung im Projekt, Entscheidungsfindung, Konflikt-, Risiko- und Lieferantenmanagement, Projektorganisation und -steuerung u.v.m.

1. Aufl. 2004. 375 S. €
€ 14,–. dtv 50883

Zeichenerklärung: § Rechtsberater € Wirtschaftsberater

Hofstede/Hofstede

Lokales Denken, globales Handeln

Interkulturelle Zusammenarbeit und globales Management.
Wer international tätig ist, muss wissen, wie er mit kulturellen Unterschieden umgeht. Wertvolle Hinweise in diesem Standardwerk helfen, andere besser zu verstehen und selbst besser verstanden zu werden.

3. Aufl. 2006. 571 S. €
€ 19,50. dtv 50807

Pepels

Lexikon der Marktforschung

Über 1000 Begriffe zur Informationsgewinnung im Marketing.

1. Aufl. 1997. 358 S. €
€ 12,73. dtv 50803

Kastin

Marktforschung mit einfachen Mitteln

Daten und Informationen beschaffen, auswerten und interpretieren.

3. Aufl. 2008. Rd. 420 S. €
Ca. € 17,50. dtv 5846
In Vorbereitung für Frühjahr 2008

Rota/Fuchs

Lexikon Public Relations

500 Begriffe zu Öffentlichkeitsarbeit, Markt- und Unternehmenskommunikation. Das Lexikon ist mit seinen verständlichen Beschreibungen und Erklärungen von Zusammenhängen, den Querverweisen, Grafiken und Internetinformationen sowohl umfangreiches Kompendium als auch Einführung in die Public Relations.

1. Aufl. 2007. 502 S. €
€ 17,50. dtv 50898

Aberle/Baumert

Öffentlichkeitsarbeit

Ein Ratgeber für Klein- und Mittelunternehmen. Praktische Hilfe, wie gerade kleinere Unternehmen einen erfolgreichen Auftritt in der Öffentlichkeit und Presse schaffen.
Mit vielen Checklisten.

1. Aufl. 2002. 210 S. €
€ 10,–. dtv 50857

Rota

Public Relations und Medienarbeit

Effektive Öffentlichkeitsarbeit der Unternehmen im Informationszeitalter.

3. Aufl. 2002. 360 S. €
€ 12,50. dtv 5814

Hermanni

Medienmanagement

Grundlagen und Praxis für Film, Hörfunk, Internet, Multimedia und Print.

1. Aufl. 2007. 316 S. €
€ 15,–. dtv 50902

Bölke

Presserecht für Journalisten

Freiheit und Grenzen der Wort- und Bildberichterstattung.
Was ist Journalisten erlaubt und was verboten?
Mit Auswertung von Gerichtsurteilen, Tipps zur Fehlervermeidung und zur Schadensbegrenzung sowie einer Checkliste für eine einwandfreie Verdachtsberichterstattung.

1. Aufl. 2005. 265 S. §
€ 12,50. dtv 50627

Buchhaltung, Rechnungswesen, Controlling

Herrling/Mathes

Der Buchführungsratgeber

Grundlagen und Beispiele. Schritt für Schritt vom Controlling über Beschaffungs-, Umsatzsteuer-, Wechsel- und Personalkostenbuchungen bis hin zu den notwendigen Jahresabschlussarbeiten.
Mit Übungsaufgaben und Lösungen.

5. Aufl. 2006. 419 S. €
€ 12,50. dtv 5836

Schultz

Basiswissen Rechnungswesen

Buchführung, Bilanzierung, Kostenrechnung, Controlling. Grundlagen der Unternehmensführung.
Dieser Überblick über das gesamte betriebliche Rechnungswesen zeigt mit Beispielen und Übersichten die Verzahnung von Buchführung, Bilanzierung, Kostenrechnung und Controlling.

4. Aufl. 2006. 292 S. €
€ 10,–. dtv 50815

Scheffler

Lexikon der Rechnungslegung

Buchführung, Finanzierung, Jahres- und Konzernabschluss nach HGB und IFRS.
Dieses Lexikon ist Nachschlagewerk und Ratgeber für alle Fragen zur Darstellung und Beurteilung der Vermögens-, Finanz- und Ertragslage von Unternehmen und Konzernen.

← 2. Aufl. 2007. 502 S. €
€ 15,–. dtv 50814

Tanski

Internationale Rechnungslegungsstandards

IFRS/IAS Schritt für Schritt. Viele Beispiele und grafische Übersichten machen das Verständnis der IAS (International Accounting Standards) leicht und zeigen die markanten Unterschiede zur HGB-Bilanzierung.

2. Aufl. 2005. 393 S. €
€ 14,–. dtv 50852

Scheffler

Bilanzen richtig lesen

Rechnungslegung nach HGB und IAS/IFRS.
Bilanz, Bewertung, Gewinn- und Verlustrechnung, Bilanzanalyse, Bilanzpolitik.

7. Aufl. 2006. 439 S. €
€ 11,–. dtv 5827

P149710-544.1